HOW TO
EATALY

經典料理、食材風土、飲食文化，連結產地與餐桌，
帶你吃懂義大利！

ITALIAN FOOD
義大利飲食聖經
【暢銷平裝版】

HOW TO
EATALY

經典料理、食材風土、飲食文化，連結產地與餐桌，
帶你吃懂義大利！

ITALIAN FOOD

義大利飲食聖經

【暢銷平裝版】

創辦人｜奧斯卡・法利內蒂 Oscar Farinetti 與合夥人｜喬・巴斯提亞尼齊 Joe Bastianich
莉蒂亞・巴斯提亞尼齊 Lidia Bastianich ｜馬利歐・巴塔利 Mario Batali
亞當・薩珀 Adam Saper ｜亞歷克斯・薩珀 Alex Saper

譯者｜林潔盈

萬分感激 Marco Ausenda、Christopher Steighner、Natalie Danford、Francisco Sapienza、Alison Lew、Tricia Levi 與 Maeve Sheriden 對本書工作所展現的耐心與指導。我們知道，有時候廚房裡的廚師實在太多了。

無限感激 Dino Borri 與 Cristina Flores 負責監督本書製作的每一個階段，同時也感謝 Alex Pilas、Fitz Tallon、Katia Delogu、Dan Amatuzzi、Tracey Bachman、Alicia Walter、John Wersan、Peter Molinari、Greg Blais、Lala Beggin、Olivia Butrick、Kristen Boidy、Aigail Grueskin、Nick Coleman、Andrew Marcelli 與 Fred Avila 幫助我們將我們的商場、餐廳與烹飪學校等都納入本書內容之中。

衷心感激 Eataly 的整個團隊，每一位成員的敬業、勤奮與才能，確實都是無與倫比的。

「生命就是魔法與義大利麵的結合。」

——義大利導演費里尼（Frederico Fellini）

VC0025X

Eataly 義大利飲食聖經【暢銷平裝版】

原文書名	How to Eataly
作　　者	奧斯卡‧法利內蒂（Oscar Farinetti）、喬‧巴斯提亞尼齊（Joe Bastianich）、莉蒂亞‧巴斯提亞尼齊（Lidia Bastianich）、馬利歐‧巴塔利（Mario Batali）、亞當‧薩珀（Adam Saper）、亞歷克斯‧薩珀（Alex Saper）
譯　　者	林潔盈
總 編 輯	王秀婷
責任編輯	李　華、羅仔伶
版權行政	沈家心
行銷業務	陳紫晴、羅仔伶
發 行 人	何飛鵬
事業群總經理	謝至平
	城邦文化出版事業股份有限公司
	台北市南港區昆陽街16號4樓
	電話：886-2-2500-0888 ｜ 傳真：886-2-2500-1951
發　　行	英屬蓋曼群島商家庭傳媒股份有限公司城邦分公司
	台北市南港區昆陽街16號8樓
	讀者服務專線：(02)25007718-9 ｜ 24小時傳真專線：(02)25001990-1
	服務時間：週一至週五09:30-12:00、13:30-17:00
	郵撥：19863813 ｜ 戶名：書虫股份有限公司
	讀者服務信箱：service@readingclub.com.tw
	網址：www.cite.com.tw
香港發行所	城邦（香港）出版集團有限公司
	香港九龍土瓜灣土瓜灣道86號順聯工業大廈6樓A室
	電話：+852-25086231 ｜ 傳真：+852-25789337
	電子信箱：hkcite@biznetvigator.com
馬新發行所	城邦（馬新）出版集團 Cite（M）Sdn Bhd
	41, Jalan Radin Anum, Bandar Baru Sri Petaling, 57000 Kuala Lumpur, Malaysia.
	電話：(603)90563833 ｜ 傳真：(603) 90576622
	電子信箱：services@cite.my

國家圖書館出版品預行編目資料

Eataly義大利飲食聖經：經典料理、食材風土、飲食文化，連結產地與饗桌,帶你吃懂義大利!/奧斯卡.法利內蒂(Oscar Farinetti), 喬.巴斯提亞尼齊(Joe Bastianich), 莉蒂亞.巴斯提亞尼齊(Lidia Bastianich), 馬利歐.巴塔利(Mario Batali), 亞當.薩珀(Adam Saper), 亞歷克斯.薩珀(Alex Saper)作 ; 林潔盈譯. -- 二版. -- 臺北市 : 積木文化出版 : 英屬蓋曼群島商家庭傳媒股份有限公司城邦分公司發行, 2024.03
　面；　公分
譯自：How to eataly Italian food
ISBN 978-986-459-579-2(平裝)

1.CST: 食譜 2.CST: 義大利

427.12　　　　　　　　　　113000008

Text by Natalie Danford, Photographs by Francesco Sapienza(FrancescoSapienza.com), Photo page 3 by Virginia Mae Rollison, Design by Vertigo NYC, Illustrations by Zachary Hewitt
First published in the United States of America in 2014 by Rizzoli International Publications, Inc.
© 2014 Rizzoli International Publications, Inc.
Published by agreement with Rizzoli International Publications, New York through the Chinese Connection Agency, a division of The Yao Enterprises, LLC.

封面完稿	曲文瑩
內頁排版	優士穎企業有限公司
製版印刷	上晴彩印刷製版有限公司

城邦讀書花園
www.cite.com.tw

【印刷版】
2017年9月5日　初版一刷
2024年3月28日　二版一刷
售　價／NT$1280
ISBN　978-986-459-579-2

【電子版】
2024年3月　二版
ISBN　978-986-459-578-5 (EPUB)

Printed in Taiwan.

目　錄

序
奧斯卡・法利內蒂
（Eataly 創辦人）

2007 年，我在義大利杜林市（Torino）開設了第一間 Eataly 商場。那時的想法，不只是開設一間單純的食品商場，還要讓它成為一間學校、一個市場、一個聚餐地點、以及一個能夠認識食物並透過食物來認識生活的地方。Eataly 的賣場空間很大（媒體通常把它稱為「大型賣場」），不過每間「賣場」都是由許多小型生產者的數百個故事所構成的。更者，Eataly 並不單純只是「一間店」（時至今日，它已散布世界各地），而是一種體驗。Eataly 開幕之後，不但實現了我的想法，更超越了我的期望。人們可以走進 Eataly 買一些番茄、一塊乳酪與一塊麵包，替自己準備一頓美味的晚餐，不過也可以（我真心希望）了解到這些番茄是怎麼種出來的，或是透過菜籃裡的那塊乳酪探討某個義大利行政區的歷史，並且停下腳步，聞一聞用天然酵母烘烤出來的麵包香。

同樣地，這本書也不只是一本食譜。當然，如果你想要知道怎麼做出一盤道地的波隆納肉醬寬麵，可以在第 56 頁找到，不過我希望你也能更深入地享用本書，藉此進一步了解——哪些食材、食品成就了美味的義大利料理，以及這些產品的來源；還有，義大利各地的料理偏好，烹煮義式家常料理的訣竅，Eataly 主力的小型生產商側寫等。最後，你將能體驗義大利人的生活哲學，以及如何享受與欣賞讓生活有意義的小樂趣。

若是這些話聽起來很嚴肅，還請多擔待。在 Eataly，我們想要挑戰你看待食物（與飲料）的方式與角度，儘管如此，也請不要視這本書為沉悶乏味的教科書。因為，人人都喜愛高品質的食物和飲料，而生產者與產地的故事也非常迷人。食物讓人們聚集在一起，無論走到哪裡，吃飯都是一件聯繫著全人類的大事。我們希望你會同意，帶著教育與知識性的有意識飲食，不僅能滿足好奇心，而且比單純因為肚子餓了而餵飽自己來得有成就感。我們熱愛美食，也同樣熱衷於從各種層面享受美食，並獲得樂趣。希望你也能感同身受，藉由本書，不再只是忙著餵飽自己，也能滿足心靈。

前言

喬・巴斯提亞尼齊

　　我認為葡萄酒是日常飲食中的一員。葡萄酒應該是每頓飯和每份菜單上不可或缺的一部分,與料理密不可分。義大利的葡萄酒就如義式料理一樣多元有趣,而且義式料理和義大利葡萄酒是天生一對,因為,一起生長的東西,通常也能相互搭配。葡萄酒也許讓人覺得很難入門,但只要保持開放的心態,樂於讓自己的味蕾嘗試各種不同的風味,就一定能嚐出好味道。你將發覺,找出自己偏愛的風味,挑選一支酒,並不比說出自己喜歡吃什麼來得困難。本書有專章談論葡萄酒,不過有關葡萄酒的資訊並不完全集中在同一處。葡萄酒是義大利料理的基本成員,因此本書的每一個部分都會出現它的蹤跡。Eataly 要刺激你所有的感官,在這裡,你將不只品嚐食物,也會聞到烹煮食物的香氣,也能觸碰蔬果,感受它們的溫度。若你有機會來 Eataly,請環顧四周,欣賞賣場的風格,聽聽見多識廣的工作人員與其他顧客的談話,並從中學習,他們可能會向你推薦自己最喜歡的產品,讓你也喜歡上它們。Eataly 商場和這本書是一體共生的,透過探究義大利的酒、食物與一切,你也可以和義式酒食合而為一。

莉蒂亞・巴斯提亞尼齊

　　從南到北的每一個義大利人都認為,媽媽親手烹煮的食物最美味。因此,我們自然而然把享用義大利料理的概念,和與朋友家人圍坐一張桌子的印象連在一起,義大利人就是這樣吃飯的。

　　讓我們往後退一步,從更宏觀的角度來看,義式料理極具地域性。義大利有二十個地區,每一區都有自己的特產,而地方料理最能反映出當地的歷史、地理和氣候。這也是為什麼這本書有許多食譜都會註記來源地區。如果更深入探討,你會發現,每個地區的每一個城鎮(很多地方以前都是擁有特殊貨幣、語言與統治者的城邦)也都有自己的傳統。再靠近一點,你又會發覺這些城鎮裡的每個街區也有各自的儀式,而若再將鏡頭放到最大,進入一個家庭的廚房,就會察覺每個家庭各有一代代流傳下來的不同作法。

　　運用這本書的食譜和知識,你將能替家人好友烹煮出美味的料理,並從中發現為人煮食的樂趣。料理時,不要害怕以經典食譜為基礎,利用在地新鮮食材自行做點變化——這正是最道地的義式料理精神。

馬利歐‧巴塔利

若要簡短歸納出 Eataly 到底在做些什麼，我認為，它讓世人更加了解義大利飲食的美妙之處，而如果要總結出義大利飲食的美妙之處，我會說，義大利飲食的美感就在於「簡單」。每個人初次造訪義大利的時候，幾乎都會有類似這樣的經驗：雖然我們都吃過自己家鄉的番茄麵，不過在義大利吃到的番茄麵，卻美味得讓人難以置信。這是因為義大利人使用的麵、番茄、橄欖油與鹽都是好的。在一盤麵裡，一切都處於平衡狀態。這些材料在擺盤上並沒有什麼新穎花俏的方式，烹煮時也不需要什麼必須經年累月才能習得的複雜技巧。義大利人以恭敬的態度來處理食材，並且適當運用之。所謂的季節性食材並不只是剛好在產季而已，通常也是在地食材。無論是在芝加哥、東京或羅馬，每間 Eataly 商場銷售的都是向當地生產者採購的農產品。烹飪必須建立在好食材上，否則就無法做出該有的味道。凡在義大利接受過這樣的震撼教育以後，就會發現到簡約就是美的真諦。在這本書裡，你也會體認到同樣的道理。

亞當‧薩珀與亞歷克斯‧薩珀

Eataly 不只是一間商場，它代表的是一種生活形態。義大利人的一天，從咖啡館裡的濃縮咖啡和報紙開始，然後去蔬果菜販與肉販採買午餐或晚餐的食材，順便也走進冰淇淋店吃點甜食。這就像來到 Eataly，人們可能因為不同的理由，在店裡花上一整天的時間，在各個區域流連忘返，或者你也可以參考這本書，將它當成身體力行義式生活的指南。想要知道吃飽飯後該如何享受消化酒嗎？參考本書第 287 頁。點了一盤義大利麵，卻不確定該怎麼享用，才不會把自己弄得髒兮兮的？參考本書第 57 頁。想要替朋友舉辦品油會？參考本書第 15 頁。除了介紹義式飲食，這本書的真正目的在於幫助你了解，世界上有諸多樂趣其實唾手可得，而且，許多樂趣都關乎飲食。而飲食又不外乎是在教人放鬆心情，享受生活。放慢腳步，無論你身在何處，試著替自己的每一天注入一點義式精神吧！

奧地利

瑞士

斯洛維尼亞

**TRENTINO-
ALTO ADIGE**
特倫提諾－
上阿迪杰地區

**FRIULI-
VENEZIA GIULIA**
弗留利－
威尼西亞朱利亞地區

VALLE D'AOSTA
奧斯塔谷地區

LOMBARDIA
倫巴底地區

VENETO
維內托地區

克羅埃西亞

PIEMONTE
皮埃蒙特地區

EMILIA-ROMAGNA
艾米利亞－羅馬涅地區

LIGURIA
利古里亞地區

法國

TOSCANA
托斯卡尼地區

MARCHE
馬爾凱地區

亞得里亞海

UMBRIA
翁布里亞地區

ABRUZZO
阿布魯佐地區

LAZIO
拉吉歐地區

MOLISE
莫里塞地區

PUGLIA
普利亞地區

科西嘉島

CAMPANIA
坎帕尼亞地區

BASILICATA
巴西利卡塔
地區

第勒尼安海

SARDEGNA
薩丁尼亞島

CALABRIA
卡拉布里亞地區

SICILIA
西西里島

地中海

HOW TO
EATALY

經典料理、食材風土、飲食文化，連結產地與餐桌，
帶你吃懂義大利！

ITALIAN FOOD
義大利飲食聖經

DAL MERCATO

市 場 選 物

過好日子的祕訣就是：
選擇品質好的產品。

特級冷壓初榨橄欖油

OLIO EXTRA VERGINE D'OLIVA

橄欖是一種果實，橄欖油則是新鮮果汁，而且是相當美味的果汁。義大利每到秋季，採收橄欖的景象四處可見。橄欖被採收後，會以一種自古流傳下來的方法壓榨。橄欖油和酒一樣有年分，所以採收日期應要清楚標示在包裝上。「特級冷壓初榨橄欖油」是所有橄欖油中品質最高者，這個名詞表示橄欖油是在第一次壓製時取得，酸度較低。草香、溫和、辛辣或甜美，多方品嚐，找出自己喜歡的橄欖油，並多買一些存放。不過，也不要一次就買超過幾個月的量。時間、光照、高溫與空氣都是橄欖油的敵人。把橄欖油放在遠離窗戶的地方，不要靠近火爐或其他熱源。

橄欖油的用途很廣，可以用來烹飪、替沙拉調味、或是直接淋在準備端上桌的料理上。它的出場率極高，在本書中，有用到橄欖油的料理絕對比沒用到的多。在義式料理中，橄欖油可說是基本食材。此外，義大利人也會用橄欖油來製作保存各式各樣的醃漬物，如辣椒、茄子、菇菌等。橄欖油的運用方式誠然是無窮盡的，它甚至還可以用來製作護膚用品。

好橄欖油的價格昂貴，不過這是有充分理由的──許多用來製作高級橄欖油的橄欖都是手工摘採，並且在採收後幾個小時內就要進行冷壓，以保留風味與香氣，完全封存住橄欖的味道。橄欖油和葡萄酒一樣，無論是否要用來入菜，一定只能選擇自己願意直接飲用的產品。多年來，我們一直都看到有人建議以品質較差的橄欖油來烹調，不過身為義大利人的我們，對於這樣的想法感到不寒而慄。大部分義式料理中的食材如麵、豆子，都便宜到讓人難以置信，所以不妨多花點錢買好油，使用時也慷慨一點。當覺得已經加入夠多橄欖油之後，再稍微多加一點點，這才是義大利人喜愛的橄欖油用量。

品質標誌

無論是哪道義式料理，只要在端上桌前直接淋上少許的特級冷壓初榨橄欖油，幾乎都能增添風味。

橄欖油從很久以前就被當成防腐劑來使用。試著品嚐用高品質特級冷壓初榨橄欖油保存醃漬的橄欖、蔬菜與其他義大利特產。

橄欖油包裝瓶解析

採收日期：橄欖油外包裝上應該要清楚標示採收日期；愈新鮮的橄欖油愈好。橄欖油不像葡萄酒，不需要陳放。

橄欖品種：高品質橄欖油一定會標明所使用的橄欖品種。

原產區：高品質的義大利橄欖油會標明原產區，並不只是寫上「義大利產」。一般而言，瓶身上只標明產地為義大利，就有可能只是在義大利包裝，而瓶內的橄欖油實際上並不產自義大利。

橄欖油詞彙

品嚐橄欖油所要感受的三個正向特徵分別是「果香」、「辛辣度」和「苦味」。以下是你可能會在橄欖油裡辨別出的其他味道與特質：

杏仁	蘋果	朝鮮薊	香蕉	奶油	櫻桃
滑順	花香	草香	青番茄	香草	堅果
胡椒	松木	松子	核果	甜味	

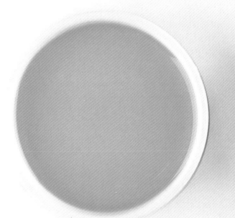  

洛伊油坊（Roi）特級吉安卡河岸（Cru Riva Gianca）橄欖油

曼德拉諾瓦油坊（Mandranova）諾切拉拉（Nocellara）橄欖油

法蘭奇油坊（Frantoio Franci）奧爾齊亞黑山（Montenero d'Orcia）橄欖油

如何品嚐橄欖油

品嚐橄欖油和品嚐葡萄酒很類似，而且橄欖油就像葡萄酒一樣，有著非常多樣的風味與香氣。品油可以讓味蕾變得更敏銳，還可以藉此練習如何找出自己喜歡的橄欖油類型。下一次在家裡舉行晚餐聚會的時候，可以準備三到五支的橄欖油，安排一場家庭品油會。品油會是很好的暖身活動，能讓來賓胃口大開，也能激起他們的好奇心。

1. 在無柄酒杯裡倒入一或兩大匙橄欖油。品油專家會使用特製的藍色玻璃杯，藉此掩蓋橄欖油的顏色。因為橄欖油的顏色與風味無關，然而品味者的判斷卻可能會下意識地受到顏色影響。

2. 用手掌捧著酒杯，緩緩旋轉酒杯，讓橄欖油的香氣散發出來。

3. 鼻子靠在酒杯邊緣，深深吸氣。

4. 像喝熱湯一樣，一邊用嘴吸氣，一邊啜飲一小口橄欖油，藉由混合空氣來加強橄欖油的風味，然後透過鼻子把氣呼出去。

5. 專注品嚐橄欖油的風味，把油吞下去。

6. 在每兩款橄欖油之間，用一片澳洲青蘋果或一塊白麵包淨口。

香蒜鯷魚熱沾醬佐時蔬

BAGNA CAUDA

8~10 人份開胃菜　　　　　　　　　　　　　皮埃蒙特 Piemonte

6 杯當季蔬菜（參考第 17 頁下表）

細海鹽，用量依喜好

現磨黑胡椒，用量依喜好

半杯特級冷壓初榨橄欖油

2 大匙奶油（選用）

6 瓣大蒜，切成薄片

6 條鯷魚柳，剁碎

　　香蒜鯷魚熱沾醬的義大利文是「bagna cauda」，直譯為「熱水澡」，這是一款早期由皮埃蒙特地區的釀酒師所發明的美味醬汁。傳統的吃法，是讓賓客圍坐在盛裝於特製陶器內的溫熱醬汁前，用生蔬菜沾著吃，如生菜沙拉沾洋蔥醬的吃法。用這樣的開胃菜來替聚餐暖場，既有趣又能讓賓客熱絡起來，如果手邊有乳酪鍋的用具，也可以試試看。不過，將溫熱的醬汁直接和沙拉拌勻，仍然是比較方便的上菜方式。這道重口味且非常容易讓人上癮的醬汁幾乎可說是百搭，建議的季節蔬菜搭配只是參考，只要把市場上買來的任何新鮮蔬菜切成適當的大小，都可以用來沾這款醬汁。祕訣在於醬汁要以小火慢煮，而且只要煮到變成淺金色即可，熬煮期間必須頻繁地攪拌。煮焦的香蒜鯷魚熱沾醬帶有苦味，而且不好消化。如果有手持式均質機可以把醬汁打成泥。若你來 Eataly，我們還有切菜服務，可以讓你省下洗切的工夫。

·取一只大碗，放入蔬菜、鹽與胡椒拌勻。（鯷魚本身帶有鹹味，調味時需留意。）

·將 3 大匙橄欖油和選用的奶油放入一只厚底鍋內（最好是陶鍋），以小火加熱。加入大蒜，頻繁地翻炒，直到大蒜開始上色，約需 30 分鐘。加入鯷魚，繼續以小火烹煮，持續攪拌至鯷魚溶化，大約需 5 分鐘。鍋子離火，拌入剩餘的 5 大匙橄欖油。用手持式均質機打到滑順，或是用木匙用力攪打到完全混合均勻。

·馬上將 6 大匙鯷魚醬淋在蔬菜上。翻拌均勻後品嚐，調整調味料用量，並依喜好加入更多鯷魚醬，拌好後馬上端上桌。剩餘的鯷魚醬可以放入密封罐內冷藏 3~14 天。使用前應再次以小火加熱。

ROI 洛伊油坊

1900 年，朱塞佩‧波埃里（Giuseppe Boeri）簽署了一份為期兩年的租約，向市政府承租了一座位於利古里亞地區巴達盧科山（Badalucco）上的橄欖油廠。歷經超過一百年、四個世代以後，波埃里家族（目前以朱塞佩的曾孫為首）仍然使用傳統的石磨與當地產的塔加斯卡（Taggiasca）橄欖壓製橄欖油，長久以來都維持一貫的高品質。

波埃里家族多年來在鄰近聖雷莫（Sanremo）的阿爾真提納谷（Valle Argentina）收購土地，目前有約莫四千株塔加斯卡橄欖樹。橄欖園位於海拔 350~500 公尺的地區，被地中海灌木與板栗樹圍繞。因為距離海洋不遠，而且周圍長滿各式各樣的野生香草，這個地區的空氣極其芬芳，此地生產的橄欖油同樣也有著讓人無法抗拒的香氣。2002 年，洛伊油坊的橄欖獲得有機認證。

將橄欖壓製成橄欖油所需的技巧，目的在於儘量不要破壞到橄欖以及壓製出來的橄欖油。舉例來說，洛伊油坊使用傳統石磨進行冷壓，讓橄欖維持在低溫狀態，因為熱度會損及橄欖油的風味。古法製作使他們生產出一系列口感非常滑順的獲獎產品，能讓料理的風味大大提升。洛伊油坊的橄欖油甚至被用來製作美容用品如橄欖皂與保濕產品，由內到外為人體帶來好處。

搭配香蒜鯷魚熱沾醬的季節蔬菜

春季	夏季	秋季	冬季
蘆筍，斜切成薄片	甜椒，去核後切細絲	甜菜根，削皮後切成薄片	青花筍，切成細長條
西洋芹，斜切成薄片	四季豆，斜切成長度 2.5 公分的小段	根芹菜，削皮後切成薄片	胡蘿蔔，去皮後切絲
櫻桃蘿蔔，切成 8 瓣	櫛瓜，切成薄片	球莖茴香（fennel），切成薄片	花椰菜，切成小花
			南瓜，去皮後切薄片

鹽與鹽醃食品

SALE E PRODOTTI SOTTO SALE

　　鹽是世界上所有料理的關鍵調味料；義式料理也不例外。義大利人在烹飪時習慣使用海鹽，市面上的海鹽常分為粗、細兩種。過鹹可能會掩蓋料理的風味，反之也可能會造成無可挽回的失敗。抓準用量的關鍵在於持續不斷地品嚐，並且記得在用到比較鹹的食材，例如醃肉的時候，下手要稍微克制一點。若想養成可以憑直覺來下鹽的能力，最好的方法是將鹽放在檯面上的小罐子裡，需要的時候用手捏出來撒，而不是用倒的。Eataly 販售的鹽通常是袋裝或罐裝，目的就是為了要讓人這樣使用。料理的過程中，請頻繁地試味道，確保風味達到平衡。不夠鹹或過鹹的料理在端上桌以後，幾乎已經無法補救。

　　鹽並不只是用來調味，也可以保存食物。早在冷藏技術普及之前，鹽醃能長時間保存季節性食材，讓這些食材終年都吃得到。直到現在，義大利人仍然很愛運用這些味道強勁的鹽醃製食材，如橄欖、續隨子（capperi）等。任何乏味的鹹食，也就是在少了日本人所謂「鮮」味特質的料理，只要撒上一點續隨子或橄欖，就能讓味道更加鮮明。

續隨子

切里尼奧拉
（Cerignola）橄欖

卡斯特爾維特拉諾
（Castelvetrano）
橄欖

利古里亞（Ligurian）橄欖

塔加斯卡橄欖

粗海鹽

黑松露鹽

橙香薰衣草鹽

義式鹽醃法

肉類最好在烹煮前一晚先調味。讓鹽有時間滲入肉裡，也能讓肉類在烹煮時保持濕潤。鹽醃並不需要太多功夫，而且能夠增添料理的風味。

在鹽醃料裡加入少許糖，能幫助肉的表面易於煎封並上色。這可說是製作醃肉的簡易版技巧，鹽裡可以加入各式各樣的香料。

在處理切塊的肉時，將肉放在大烤盤上平鋪成單層，就能徹底且均勻地替肉調味。替肉撒上大量鹽醃料，將鹽醃料輕輕拍上去以後，翻面繼續替另一面調味。處理好後便可封蓋，放入冰箱冷藏。

Eataly 最常使用的鹽醃料，可以參考第 202 頁牛肝菌風味牛肋排佐巴薩米克醋。也可以將下面的香料組合加入 3：1 的鹽和糖混合均勻：

剁碎的新鮮迷迭香與鼠尾草

乾燥紅辣椒碎與現磨黑胡椒

磨碎的檸檬皮與撕碎的薄荷葉

剁碎的新鮮巴西里與烤香的茴香籽粉

磨碎的橙皮與薰衣草

替煮麵水加鹽的方法

義式麵食不能用沒加鹽的水來烹煮。煮得平淡乏味的麵是無法補救的——在煮麵水裡加入足量的鹽，是做出美味義式麵食的唯一方法。

1. 鹽要等到水滾以後才加。水滾以後把鍋蓋拿開。

2. 在沸水裡加入一把粗海鹽。這鹽量看起來也許很多，不過等到把麵瀝乾時，大部分鹽都會隨水流走。根據 Eataly 紐約分店主廚艾力克斯・皮拉斯（Alex Pilas）的說法，煮麵水應該「比海水稍微不鹹一點」。

3. 待水重新沸騰以後再放入待煮的麵食。

香辣橄欖續隨子番茄麵

SPAGHETTI ALLA PUTTANESCA

4 人份第一道主食   坎帕尼亞 Campania

1 大匙特級冷壓初榨橄欖油，並額外
準備澆淋用的份量

2 瓣大蒜，切末

¼ 小匙乾辣椒粉

¼ 杯鹽醃續隨子，浸泡後瀝乾

¼ 杯黑橄欖，去籽切片

2 條鯷魚柳，洗淨後切碎

1 罐（450 公克）整顆去皮番茄

粗海鹽，加入煮麵水用

450 公克乾製義式直麵

　　沒有人能確知這道直譯為「煙花女風味」（Puttanesca）的菜名到底怎麼來的。它可能指的是醬汁裡使用的辣椒，或是因為它可以很快地利用一般義大利人手邊既有的材料做出來，所以做這道菜的阻街女郎可以迅速煮完吃飽後，回到街上。這道麵是只需櫥櫃裡現成材料就做得出來的諸多義式料理之一。只要備有優質食材與義式麵食，你永遠不會餓肚子。

・煮沸一大鍋清水。

・大平底鍋中放入橄欖油，以中火加熱。將蒜末與辣椒粉放入鍋中，頻繁拌炒，直到大蒜變成金色，約需 5 分鐘。加入續隨子、橄欖與鯷魚並繼續拌炒。從罐頭裡撈出番茄，用手擠碎後放入鍋中，讓擠出的汁滴回罐頭裡。以中火烹煮，期間頻繁翻拌，直到番茄稍微變稠，約需 5 分鐘。

・煮醬汁的同時將水煮沸，待水沸騰後加入粗鹽，下麵，用長柄叉不時翻拌，將麵煮到彈牙（煮麵技巧請參考第 74 頁）。

・麵煮好以後，放入濾鍋瀝乾，把瀝乾的麵倒入平底鍋的醬汁內。在中火上大動作拋翻至麵與醬汁混合均勻，約需 2 分鐘。淋上額外的橄欖油，馬上將麵端上桌。

如何處理大蒜

大蒜是義式料理中不可或缺的角色，儘管使用大蒜時必須相當節制。大蒜在義式料理中，以許多不同的形式與其他材料混合。要注意的是，義大利人絕對不會使用壓蒜器這種東西，因為它完全是不必要的工具，而且非常難清理。

1. 剝下蒜瓣。

2. 去皮時，先用主廚刀的側面輕壓蒜瓣，如紙般輕薄
   的蒜皮應該就會輕易和蒜瓣分開。

3. 去皮以後，就可以將大蒜剁碎、切末、切片或
   用主廚刀側面拍碎。

西西里燉茄子

CAPONATA DI MELANZANE

可做出 4 杯，當作 8 份開胃菜　　　　　　　　　　　西西里島 Sicilia

---

2 個未去皮茄子，切成約 1 公分小丁

細海鹽，用量依喜好

半杯又 3 大匙紅酒醋

2 大匙金黃葡萄乾

5 根西洋芹，切成約 1 公分小丁

特級冷壓初榨橄欖油，最好產自西西里島，烹煮蔬菜用

1 個大紅洋蔥，切成約 1 公分小丁

2 個紅甜椒，切成約 1 公分小丁

4 瓣大蒜，切成薄片

2 根新鮮辣椒，切成薄片

5 條鹽醃鯷魚柳，洗淨後切碎

3 大匙砂糖

半杯油漬日晒番茄乾，瀝乾後切碎

¼ 杯去籽西西里綠橄欖，例如諾切拉拉品種

2 大匙松子，稍微烘烤過

　　西西里燉茄子是一道滋味酸甜的經典蔬菜料理，在盛產美味茄子的西西里島，通常當成開胃菜（有時也當作配菜）。要做出好吃的燉茄子，祕訣在於將所有蔬菜分開來烹煮，最後再混合；否則，蔬菜的味道就會全部混在一起。若要更講究一點，燉茄子若能事先煮好後靜置一陣子，味道會變得更棒，而且在製作時，可以用同一只鍋子來烹煮所有蔬菜，只要在處理每一種蔬菜之間把鍋子擦乾淨即可。橄欖油的用量與鍋子的大小和形狀有關。如果在煮完西洋芹和洋蔥以後，鍋底還剩下大量油脂，可將油倒出來過濾，保留到下次烹煮其他對味的料理時使用。道地的西西里燉茄子會用上相當大量的橄欖油——這是一道充滿了健康油脂的料理。

· 將茄子放入濾鍋內，與大量鹽拌勻後放在一旁瀝乾 30 分鐘。

· 將半杯紅酒醋放入一只小碗內。將葡萄乾放入紅酒醋內浸泡至飽滿，約需 20 分鐘。

· 取一只大平底鍋，以大火加熱。在鍋內放入西洋芹，然後加入高度至西洋芹一半的足量橄欖油。翻炒西洋芹，直到西洋芹變成金棕色，約需 5 分鐘。用漏勺將西洋芹取出，放在紙巾上平鋪成一層，以利降溫。

· 擦乾平底鍋，重新以大火加熱，放入洋蔥後加入高度至洋蔥一半的足量橄欖油。翻炒洋蔥，直到洋蔥變成金棕色，約需 5 分鐘。取出洋蔥，放在紙巾上平鋪成一層，以利降溫。

· 將平底鍋擦乾。輕輕將茄子多餘的水分擠掉。以中大火加熱平底鍋，並在鍋內放入恰好能覆蓋鍋底的橄欖油，再放入茄子。翻炒茄子，直到茄子變成金棕色且剛好熟透，約需 5 分鐘。將茄子取出，放在紙巾上平鋪成一層，以利降溫。

· 將平底鍋擦乾，放入甜椒翻炒至軟，約需 5 分鐘。炒好後將甜椒取出放涼。

· 將大蒜和辣椒放入一只小平底鍋內，稍微用鹽調味，並加入恰能蓋過的橄欖油。慢慢以小火焗至大蒜變軟。拌入鯷魚，鍋子便可離火、降溫。

· 將砂糖和剩餘的 3 大匙紅酒醋放入一只小鍋內拌勻。以小火加熱至糖完全溶解，期間應持續攪拌。煮好後放到一旁降溫。

· 取一只大碗，將煮熟的茄子、西洋芹與洋蔥，和切好的甜椒、日晒番茄乾、橄欖與松子放進去翻拌均勻。將葡萄乾瀝乾後加入大碗內。淋上大蒜鰻魚醬，最後再加入紅酒醋醬，並將所有材料完全混合均勻。依喜好以鹽調味。額外加入足量的橄欖油拌勻，讓蔬菜表面包覆油脂。放入冰箱冷藏至少三小時，至多三天。取出恢復室溫後，再端上桌。

醋

ACETO

醋是來自酒精發酵的多功能調味品，可以用紅酒、白酒、啤酒、蘋果酒或糖分高的水果來製作。醋的價值在於其酸度，有著各式各樣不同的風味與黏稠度。在冷藏技術出現以前，醋就和橄欖油一樣，被義大利人當成防腐劑來使用。醋是義式甜酸醬（agrodolce）的關鍵材料，常用於製作如醋漬魚（第 224 頁）等的傳統料理。

義大利人運用醋的方法

雖然巴薩米克醋（aceto balsamico）最富盛名，不過義大利還有許多其他品質相當的好醋，同樣也值得探討。以下介紹的是 Eataly 最喜歡的幾種：

巴羅鏤酒醋（aceto di Barolo）	醋體厚重且風味醇美，這種酒醋以皮埃蒙特地區最著名的葡萄酒製成，淋在燉飯上非常美味。
蘋果醋（aceto di mele）	味道輕薄且帶有一抹甜味，這種醋適合用在任何風味甜酸的料理中。
巴薩米克醋淋醬（glassa di aceto balsamico）	將糖加入巴薩米克醋裡熬煮收稠而成；可以刷在燒烤肉上。
濃縮葡萄漿（saba）	濃縮葡萄漿的製作程序和巴薩米克醋相同，不過葡萄漿熬煮的時間更長，因此製作出來的成果也額外濃稠；將濃縮葡萄漿淋在冰淇淋上，就能享受到濃郁的甜美滋味。

醋不只能為沙拉調味；
也是一種多變的食材，有著多樣的風味與口感。

蘋果醋

莫德納（Modena）
巴薩米克醋

灰皮諾（Pinot Grigio）
白酒醋

濃縮葡萄漿

紅酒醋

三色沙拉

INSALATA TRICOLORE

4 人份配菜 艾米利亞－羅馬涅 Emilia-Romagna

1 把芝麻菜

1 株菊苣

1 株苦苣

¼ 杯特級冷壓初榨橄欖油

1 大匙巴薩米克醋

細海鹽，用量依喜好

約 113 公克帕馬森乳酪（Parmigiano Reggiano），或格拉納帕達諾（Grana Padano）乳酪

　　這道經典沙拉的三個顏色，就是義大利國旗的顏色：紅色的菊苣、白色的苦苣與綠色的芝麻菜。不可以偷懶地直接把橄欖油和醋加入沙拉裡翻拌，應將油醋醬材料放入小碗中乳化後再拌入沙拉，這樣才能同時將橄欖油和醋的風味突顯出來。這種沙拉醬幾乎可以用在所有沙拉或蔬菜中——可說是義大利人唯一的「沙拉醬」。紅酒醋可以用來代替巴薩米克醋，以調配出更酸澀的滋味，事實上，義大利人比較常用紅酒醋來替沙拉調味，而非巴薩米克醋。

‧將芝麻菜與菊苣撕成適口大小，苦苣切碎，再將所有蔬菜放入大碗內。

‧取一只小碗，放入橄欖油與醋，加入一撮鹽攪打均勻。將油醋醬淋在蔬菜上，以手或大湯匙與叉子翻拌。

‧將拌好的沙拉分別盛入餐盤裡。用蔬菜削皮刀將乳酪削成片，放在沙拉上。

義大利人運用巴薩米克醋的方法

味道香甜的巴薩米克醋原產於莫德納，已有將近一千年的歷史。巴薩米克醋的製作方式，是慢慢熬煮用當地特比亞諾品種葡萄（Trebbiano）與藍布思柯品種葡萄（Lambrusco）壓榨出來的濃縮葡萄汁，熬煮到剩下約一半體積為止。接下來，煮好的濃縮葡萄汁會被放入許多不同的木桶裡陳放。巴薩米克醋陳放的時間愈久，質地就愈像糖漿。

巴薩米克醋有兩種不一樣的正式標記。瓶身標示「IGP」（地理標誌保護認證）的巴薩米克醋，至少陳放三年，而瓶身標示「DOP」（原產地保護認證）者，至少陳放十二年。無論是哪一種，產地都只有莫德納。

巴薩米克醋不應加熱使用。雖然從技術層面來説，它確實是一種醋，不過義大利人不會用這種價格高昂的陳年巴薩米克醋來替沙拉調味——這種非常寶貴的調味品用量很小，目的通常在於提味。建議可以嘗試下列的用法。	淋在泡漬過的切片草莓以及／或完整的覆盆子上。
	刷在烤肉上。
	撒幾滴在乳酪盤上的乳酪切片上。
	淋一點在香草冰淇淋上。
	烤洋蔥或其他烤蔬菜降到室溫以後，再淋上巴薩米克醋翻拌均勻。

番茄

POMODORI

　　我們很難想像，番茄這種和義式料理密不可分的食材，竟然不是原產於義大利，甚至不是來自歐洲。番茄是歐洲人從新世界引進的許多種植物之一。然而，不管番茄到底從何而來，它們終究在義大利廚房裡找到非常重要的一席之地，夏天盛產時可以新鮮上桌，更能以各種不同的方式裝罐或裝瓶，以供終年使用。義大利的每個地區各自都有偏好的番茄品種，其中包括拿坡里著名的聖馬札諾品種番茄（San Marzano），以及西西里島著名的帕基諾番茄（Pachino）。如果在烹煮地區特色料理的時候，想要搭配使用該地區產的品種番茄，在採買時可以看一下番茄的產地。順道一提，長時間在火爐上熬煮番茄醬汁的作法已經過時。可善加利用高品質罐裝番茄，它們味道鮮明，也很新鮮，更可縮短料理時間。罐裝番茄並非次於新鮮番茄的第二選擇，它們是具有不同用途的食品，有著絕佳的風味。

義大利人使用番茄產品的方法

整顆的去皮番茄	壓碎後做成帶有大塊果肉的番茄醬汁，也可加到湯品中。
番茄糊（passata di pomodoro）	用來製作口感滑順的番茄醬汁，也可用在湯品和燉飯等任何需要滑順質地的料理中。
濃縮番茄糊（concentrato di pomodoro）	一種味道濃郁的番茄濃縮產品，用量少，使用時必須以少量液體稀釋，通常搭配其他番茄產品一起運用。
日晒番茄與半乾番茄（pomodori secchi）	用橄欖油保存，味鹹且開胃；可瀝乾切碎後加入室溫沙拉裡，最後再把保存番茄乾的橄欖油淋一點上去。

濃縮番茄糊

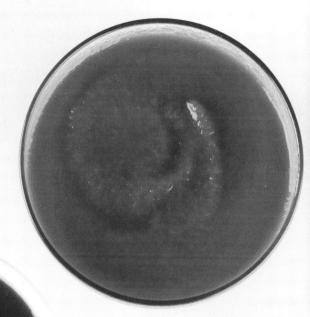

番茄糊

整顆的去皮番茄

整顆的去皮櫻桃番茄

日晒番茄乾

半乾番茄

番茄醬佐直麵

SPAGHETTI AL POMODORO

4 人份第一道主食 坎帕尼亞 Campania

¼ 杯特級冷壓初榨橄欖油，另外準備一些盛盤時淋撒用

2 瓣大蒜

一撮乾辣椒末（選用）

1 罐（450 公克）整顆的去皮番茄與罐內湯汁

細海鹽，用量依喜好

3~4 小枝新鮮甜羅勒

粗海鹽，加入煮麵水用

450 公克乾製義式直麵

　　假設有人問你，「義大利料理」讓你想到什麼，你很有可能正想像著一盤番茄義大利麵。這著名的義大利料理，不只作法簡單而且很美味，大可運用手邊隨時都有的食材製作而成。番茄的品質是一大重點，請使用讓人能真正感受到地中海陽光的義大利番茄。番茄醬汁煮好時，應該是非常濃郁的鮮紅色。如果是磚紅色，表示醬汁太濃稠，必須用開水稀釋。

‧大平底鍋內放入橄欖油，以中火加熱。用手掌根把大蒜壓碎，然後將大蒜放入橄欖油裡翻炒，直到大蒜變成金棕色，約需 5 分鐘。

‧大蒜上色以後，加入自行選用的乾辣椒粉，然後馬上把番茄拿起來用手捏碎至平底鍋內。將罐裡的番茄湯汁也加入鍋中，並依喜好用鹽調味。

‧以小火熬煮，直到番茄醬汁稍微收稠，約需 20 分鐘。將甜羅勒加入醬汁裡，鍋子便可離火，一旁備用。

‧煮沸一大鍋清水。水滾後加入鹽（參考第 20 頁）便可下麵，烹煮期間以長柄叉不時攪拌，將麵煮到彈牙（煮麵技巧請參考第 74 頁）。將煮好的麵放入濾鍋中瀝乾。若番茄醬汁已經完全變涼，則以小火加熱之。

‧將番茄醬汁裡的甜羅勒挑出來丟掉，將濾去水分的麵放進平底鍋，在中火上翻拌至均勻。淋上少許橄欖油後馬上端上桌。

將整顆去皮罐裝番茄弄碎的方法

在製作醬汁的時候，並不需要先把整顆去皮番茄打成泥再加入鍋中。雙手就是最好的工具。

1. 將一只鍋子放在爐上。

2. 用手將一顆番茄從罐頭裡撈出來，取出時應讓大部分湯汁滴回罐裡。

3. 將番茄放在手中用手指擠壓，讓擠爛的番茄肉自然落入鍋中。如果你不喜歡太大塊的果肉，可以在烹煮時用木匙將果肉再次壓碎。

番茄橄欖烤鱸魚

BRANZINO CON POMODORI E OLIVE

4 人份主菜 坎帕尼亞 Campania

2 大匙特級冷壓初榨橄欖油

1 瓣大蒜，切成薄片

1 罐（450 公克）整顆去皮櫻桃番茄

¼ 杯去籽小黑橄欖

4 片鱸魚排（每片約 141 公克），帶皮或去皮皆可

細海鹽，用量依喜好

現磨黑胡椒，用量依喜好

1 大匙新鮮奧勒岡葉

　　幾乎所有魚排都可以用來煮這道料理，只要根據魚排厚度調整烹煮時間即可，也可以用全魚或其他海鮮來烹調。若是找不到罐裝櫻桃番茄，也可用較大的整顆去皮番茄代替，不過在把番茄加入鍋中的時候，應先用手指將果肉捏碎，若正好在產季，也可以用新鮮番茄來代替。這道料理可以搭配硬皮麵包，用麵包沾取醬汁享用。

· 將烤箱預熱 220°C。

· 取一只碗，放入橄欖油、大蒜、番茄與橄欖，混合均勻。取一只大小能讓所有魚排平鋪成一層的烤盤，或是可放入烤箱的平底鍋，在烤盤或平底鍋底部放上薄薄一層番茄混合物。以鹽和胡椒替魚排調味，然後將魚排放在烤盤裡，再把剩餘的番茄混合物舀到魚排周圍。

· 將魚排放入烤箱烘烤至恰好變不透明，約需 12 分鐘。用新鮮奧勒岡葉裝飾，便可端上桌。

一起生長的東西，通常也能相互搭配；
試著用同地區生產的橄欖油來製作當地的料理。

乾豆

LEGUMI SECCHI

乾豆與小扁豆是省錢好物，很能帶來飽足感、味道好、具有高營養價值而且價格
實惠。它們也是義大利低脂飲食的明星。在過去幾個世紀中，大部分義大利人都只有
在週日和節日才吃得起肉類，平時吃的都是無肉料理。

義大利人運用乾豆與小扁豆的方法

小扁豆不需要浸泡就可以烹煮，不過比較大的乾豆則需用能夠淹過豆子的冷水浸泡一整晚才能使
用。首先，將豆子放在篩網裡，迅速用清水沖洗一下。將洗好的豆子放入一只碗內，並在碗內注
入能淹過豆子約 5 公分的足量清水。若豆子破皮或是浮到水面，則將豆子撈出來丟掉。讓豆子浸
泡約 8 小時，然後瀝乾，泡過豆子的水倒掉不用。將豆子或洗過的小扁豆放入一只鍋裡，並在鍋
內注入能夠淹過豆子約 5 公分的足量清水，以大火加熱至水沸騰，然後將爐火轉小，讓水保持微
滾，慢慢熬煮至豆子變軟、可以輕易用木匙壓碎的程度。烹煮時間不等，小扁豆約需 30 分鐘，鷹
嘴豆可能需要超過 2 小時。豆子一定要等到煮好以後再加鹽，否則鹽會讓豆皮變硬，延長烹煮時
間。

斑豆番茄醬 （sugo ai borlotti）	以橄欖油將切碎的胡蘿蔔、洋蔥與西洋芹炒香，然後加入煮熟的斑豆；稍微翻炒讓味道融合，加入少許番茄糊，煮到醬汁變稠。煮好的醬汁可以搭配義式麵食或玉米糕（polenta）。
義大利白腰豆鮪魚沙拉 （cannellini e tono）	將煮熟的義大利白腰豆和瀝乾、處理成片狀的橄欖油漬鮪魚拌勻。加入切碎的青蔥、切丁的水煮蛋與大量現磨黑胡椒。
義式豆麵湯 （pasta e ceci）	以橄欖油將切碎的胡蘿蔔、西洋芹、洋蔥、大蒜、新鮮迷迭香與義式培根炒香；將熟鷹嘴豆放入鍋中，並加入淹過豆子約 5 公分的足量清水，熬煮約 5 分鐘，讓味道融合。將約三分之一煮好的鷹嘴豆混合物打成泥，然後重新將混和物煮沸，再加入小貝殼麵之類的義式麵食，煮到麵彈牙。端上桌時可淋上少許橄欖油。
普利亞風味蠶豆泥佐菊苣 （purè di fave e cicoria alla Pugliese）	乾蠶豆泡水（方法同上）。把泡好、瀝乾的蠶豆放入鍋中，並在鍋內放入一整顆洋蔥（不切）與一片月桂葉。按照前述方式將蠶豆煮到非常軟。將月桂葉與洋蔥挑出來丟掉。以食物研磨器將煮好的豆子磨成泥後放回鍋中，一邊慢慢加入橄欖油，一邊用木匙攪打豆泥。趁煮豆時將菊苣放入沸騰鹽水中燙熟後切碎，放入爆香過大蒜的橄欖油裡翻炒。盛盤時將蠶豆泥和蔬菜並置，並淋上大量橄欖油。
小扁豆飯 （lenticchie e riso）	將煮熟的小扁豆放入一只鍋內，並注入大量清水。將水煮沸後加入鹽調味，再加入義大利短粒米攪拌（米的品種請參考第 142 頁）。烹煮期間應頻繁攪拌，煮到米熟而軟，約需 15 分鐘。上桌時搭配磨碎的帕馬森乳酪，或格拉納帕達諾乳酪。

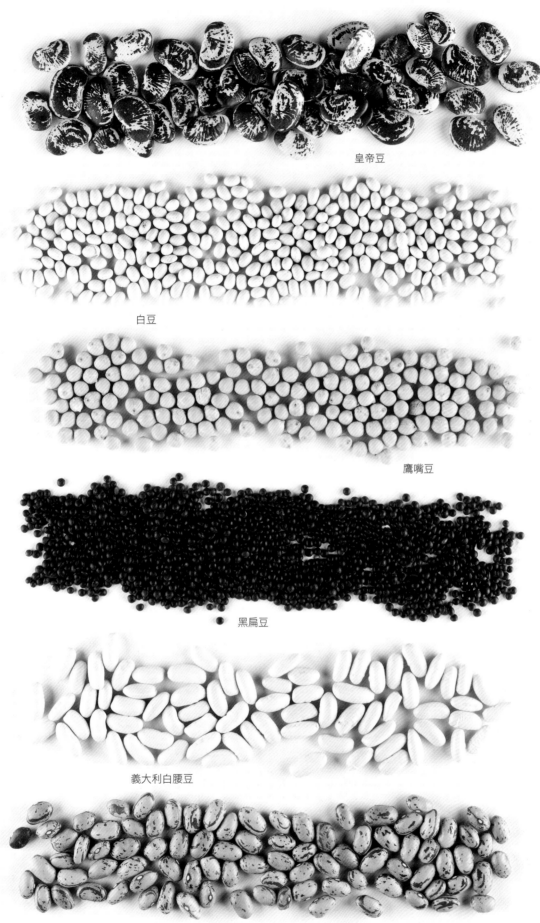

皇帝豆

白豆

鷹嘴豆

黑扁豆

義大利白腰豆

斑豆

小扁豆肉丸湯

ZUPPA DI LENTICCHIE CON POLPETTINE

4 人份主菜　　　　　　　　　　　　　　　　　　　　翁布里亞 Umbria

---

2 大匙特級冷壓初榨橄欖油

1 根胡蘿蔔，切丁

2 根西洋芹，切丁

1 個黃洋蔥，切丁

細海鹽，用量依喜好

現磨黑胡椒，用量依喜好

2 杯小扁豆，最好是卡斯特魯丘小扁豆（lenticchia di Castelluccio），洗淨

1 罐（約 411 公克）整顆去皮番茄

2 條不辣的義式香腸，去除腸衣

翁布里亞地區以豬肉香腸和小扁豆（以及松露）聞名，來自卡斯特魯丘的小扁豆體積尤其小又特別好吃。義大利人常說，一起生長的東西，通常也能相互搭配，這兩樣東西也不例外。卡斯特魯丘小扁豆的烹煮時間很短，體積較大的品種則可能需要更長的烹煮時間。這道樸實暖心的湯品一年四季都可享用，不過在寒冷的夜晚，這道湯尤其能讓人感到心滿意足。

· 取一只中型單柄鍋，放入橄欖油並以中大火加熱。在鍋內加入胡蘿蔔、西洋芹與洋蔥，並以鹽和胡椒調味。烹煮蔬菜時應頻繁翻炒，避免蔬菜燒焦，煮到蔬菜變軟約需 10 分鐘。加入小扁豆，用手將番茄捏碎，讓番茄自然落入鍋中。在鍋內注入能夠淹過小扁豆 5 公分的足量清水，蓋上鍋蓋煮至小扁豆變軟，約需 30 分鐘。

· 烹煮小扁豆的同時，用手將剝除腸衣的香腸肉，滾成直徑約 2.5 公分大的肉丸。

· 待小扁豆煮熟後，將肉丸加入鍋中，並將肉丸壓浸在湯汁裡。熬煮期間偶爾攪拌，煮到肉丸熟透約需 2~3 分鐘。平均盛在四個湯碗裡，馬上端上桌。

品質標誌

即使是乾燥的食品如豆子也無法永久保存，購買後最好在一年內用完。

番茄燉豆

FAGIOLI ALL'UCCELLETTO

8 人份配菜 托斯卡尼 Toscana

454 公克（約 2 杯）乾義大利白腰豆，浸泡一晚（參考第 34 頁）

2 瓣大蒜，切片

¼ 杯特級冷壓初榨橄欖油，最好產自托斯卡尼地區

1 杯罐裝整顆去皮番茄，包含湯汁

8 片新鮮鼠尾草，切碎

細海鹽，用量依喜好

現磨黑胡椒，用量依喜好

這道作法簡單風味絕佳的料理是道地的佛羅倫斯料理，它的義大利原名直譯為「小鳥風味燉豆」，儘管材料裡根本沒有任何禽肉。比較有可能的解釋是，小鳥風味指的是這道料理用到的鼠尾草（在烤小鳥的時候常會搭配鼠尾草）。這道燉豆通常被當成配菜，搭配烤肉與燉肉，不過也可以做成一道豐盛的蔬食料理單獨上桌。上桌前，可自由淋上額外的橄欖油，並以大量現磨胡椒調味。

·將豆子瀝乾，放入一只中型單柄鍋內。在鍋內加入能夠淹過豆子 5 公分的足量清水。水滾後，調降爐火至微滾程度，蓋上鍋蓋將豆子煮軟，約需 45 分鐘至 1 小時。保留一杯煮豆水，然後將豆子放入濾鍋裡瀝乾。

·取一只荷蘭鍋或其他種類的厚底鍋，放入橄欖油與大蒜，以中火爆香，頻繁翻炒將大蒜煎軟。加入預留的煮豆水、煮好的豆子、番茄與其湯汁（參考第 31 頁，用手捏碎）、以及鼠尾草。依喜好以鹽和胡椒調味。加熱至沸騰，然後調降爐火至微滾程度，繼續熬煮到湯汁變稠，約需 25 分鐘，烹煮期間應不時攪拌。煮好後趁熱上桌。

如何判斷豆子是否煮熟

煮豆子的時候，務必要多檢查幾顆豆子，因為它們的烹煮時間可能不盡相同。

1. 煮到剛好的豆子，若是用木匙往鍋子的側面壓，應該可以輕易地壓碎。

2. 另一個判斷方法，是從鍋中拿出幾顆豆子，用冷水洗淨後品嚐。將豆子放在舌頭上往上顎壓，豆子應該很容易就能壓碎。

3. 假使還是不確定，則用漏勺取出幾顆豆子，並將豆子切成兩半。完全煮熟的豆子，應該從裡到外都有相同的顏色和質地；若是中心色淺且稍呈粉狀，則應繼續烹煮與測試。

鷹嘴豆煎餅

FARINATA

8 人份開胃菜或點心 利古里亞 Liguria

---

1 杯鷹嘴豆粉

1 小匙細海鹽

2 大匙特級冷壓初榨橄欖油，另準備翻炒與盛盤時澆淋用的量

半個小黃洋蔥，切成薄片（選用）

1 大匙切碎的新鮮迷迭香（選用）

現磨黑胡椒，用量依喜好

這道充滿鄉村風味、撒了大量新鮮黑胡椒的薄餅，在利古里亞海岸和法國南部幾乎是隨處可見。它的麵糊就跟可麗餅麵糊一樣，在使用前必須要靜置一段時間，至少 1 小時。更建議至多可以提早 12 小時將麵糊準備好，靜置時間愈長愈好。這道點心務必要使用義大利產的鷹嘴豆粉，而不是印度的鷹嘴豆粉，因為後者是用不同品種的鷹嘴豆製成，而且還經過焙炒。鷹嘴豆煎餅適合搭配口感清爽不甜的白酒，以及少許熟成乳酪。

· 取一只攪拌盆，在盆裡放入鷹嘴豆粉與 1¾ 杯清水，用打蛋器攪打均勻。加入鹽與 2 大匙橄欖油。將混合物封蓋，在室溫環境中靜置至少 1 小時，至多 12 小時。

· 準備要做煎餅時，將烤箱預熱 200°C。

· 若想加洋蔥，則將洋蔥放入橄欖油中，以小火翻炒至變軟變透明但尚未上色的程度，約需 7 分鐘。拌入迷迭香，繼續烹煮 30 秒後離火。將洋蔥拌入麵糊裡。

· 將幾小匙橄欖油放入一只直徑約 30 公分、可放入烤箱裡的平底鍋（如鑄鐵鍋），先以中大火加熱。待油熱以後放入麵糊，若有必要可以稍微傾斜鍋身，讓麵糊能完全覆蓋鍋底。將平底鍋放入烤箱中烘烤至煎餅完全定型、將刀尖插入中央不會沾黏的程度，約需 20~30 分鐘。若表面未上色，則將煎餅放在炙烤箱裡 1~2 分鐘，直到表面出現棕色斑點為止。

· 將平底鍋從烤箱取出，讓煎餅在鍋內降溫 1~2 分鐘。小心將煎餅移到砧板上，分切成三角形，淋上手邊最好的橄欖油，再撒上大量胡椒。趁溫熱享用。

醃漬魚類海鮮

CONSERVE DI PESCE

　　正如義大利人善於保存蔬菜的風味，他們也熟知保存各種海鮮魚類的方法。罐裝或瓶裝的鮪魚是西西里島的特產，有許多來自西西里的橄欖油漬鮪魚產品都非常美味。義大利的罐裝鮪魚肉塊大且肉質濕潤，其中又以鮪魚肚最為珍貴。義大利人也會利用鹽醃的方式來保存魚肉，例如鹽醃鯷魚或鹹鱈魚乾（baccalà）。其中，鹹鱈魚乾和鱈魚乾（stoccafisso）很類似，不過在乾燥過程中並沒有經過鹽醃處理。無論是鹹鱈魚乾或鱈魚乾，一開始都是為了航海需要而發明的，水手能夠帶著這些食品長時間旅行，它們也因此透過船艦傳入海權強國如威尼斯與熱那亞（Genova）等地。鹽漬魚卵產於薩丁尼亞島、西西里島與部分地區的沿岸地帶，可以用烏魚子或鮪魚卵製作。在製作過程中，魚卵會被壓成腎形，並且乾燥約 5 個月的時間，讓魚卵變得又乾又扎實，可以磨碎或刨片的方式來運用。鹽漬魚卵有著魚子醬的鮮明鹹味，又帶有宜人的魚香。

義大利人運用發酵鯷魚醬的方法

義式鯷魚露（Colatura）來自坎帕尼亞的切塔拉（Cetara），以每年三月至七月初在薩雷諾（Salerno）捕獲的鯷魚來製作。這是一種經過發酵的琥珀色魚露，是古羅馬人吃的魚醬（garum）的親戚，刺鼻的風味則與東南亞的魚露類似。義式鯷魚露是義大利料理的祕密武器，能夠替料理帶來獨特的鹹香滋味。製作時，以徒手將鯷魚清理乾淨，加入鹽並一層層放在木桶裡擺好。幾個月後，鯷魚露會通過小洞滴落在木桶裡。下面舉例說明這種美味鯷魚露的運用方式，請注意，這種調味品在使用時千萬不能下重手：

在端上桌前淋在煮熟的寬扁麵上。

輕輕刷在烤過的麵包上，再放上新鮮巴西里末。

滴幾滴在烤熟的披薩餅上；淋一點在少許切碎的新鮮辣椒上。

稍微刷在烤茄子片上。

在油醋醬中加入一、兩滴攪打均勻。

鹽醃鯷魚（*acciughe salate*）

鹹鱈魚乾（*baccalà*）

義式鯷魚露
（*colatura*）

鯷魚柳（*filetti di acciughe*）

鮪魚卵醬
（*bottarga di tonno*）

罐裝鮪魚
（*tonno in latta*）

鹽漬魚卵（*bottarga*）

義大利人運用
鹹鱈魚乾與鱈魚乾的方法

　　鹹鱈魚乾和鱈魚乾幾乎跟石頭一樣堅硬，在使用前必須先泡開。從外觀上來看，鹹鱈魚乾和鱈魚乾難以分辨，唯一的差別在於鱈魚乾較沒那麼鹹，運用時會加入較多的鹽來調味。更讓人更混淆的是，經常以鱈魚乾入菜的威尼斯人，他們口中的「baccalà」指的其實是「stoccafisso」。不過沒有關係，因為兩者就味道和烹飪方式而言，並沒有太大的差異。在料理的三天前，將鱈魚乾洗淨並放入碗中，加入能夠淹過鱈魚乾約 5 公分的冷水，並用一只盤子將碗蓋好，放入冰箱裡冷藏浸泡，每 8 小時左右換一次水。過程中，鱈魚乾的味道會聞起來怪怪的，這很正常。等到魚乾泡軟以後，便可以從水中取出，將泡魚乾的水倒掉，並把泡開的魚切成大塊。用手在表面上仔細檢查，若找到骨頭，可以用魚骨夾挑掉。

炸鱈魚乾 （baccalà fritto）	將泡開的鹹鱈魚乾或鱈魚乾切成大塊。若使用鹹鱈魚乾，先品嚐一小塊確認鹹度。用平織洗碗布將魚肉擠乾，在魚塊表面沾少量麵粉，每次拿幾塊放入 180℃ 的橄欖油裡油炸——每塊魚肉約需油炸 4 分鐘才能到酥脆上色的程度。將炸好的魚塊取出並放在紙巾上稍微瀝乾，撒上鹽（按魚肉本身鹹度來斟酌用量），趁熱上桌。
利沃諾式燉鱈魚 （baccalà alla Livornese）	將泡開的鹹鱈魚乾或鱈魚乾擠乾，再用紙巾把表面拍乾。在魚塊表面沾麵粉後放入平底鍋內，以橄欖油煎到上色。用紙巾將魚塊的油吸乾，再將魚塊放入以新鮮番茄做成的醬汁裡，和一把續隨子一起熬煮。煮好後趁熱上桌或是放至室溫享用。
義式鱈魚醬 （baccalà mantecato）	將泡開的鹹鱈魚乾或鱈魚乾放入一只鍋內，在鍋內注入恰能淹過魚塊的清水。加熱至沸騰，撈除表面浮沫，將爐火調降，讓鍋內保持微滾，繼續烹煮至魚肉變軟，約需 20~30 分鐘。魚肉煮好以後取出瀝乾，再次檢查並挑掉殘餘的魚骨。將魚肉和一瓣大蒜一起放在大碗中，或是放入食物調理機的調理盆裡，並裝上鋼刀。用木匙或調理機攪打，一邊緩緩地加入橄欖油，直到打出滑膩蓬鬆的魚醬為止（徒手操作可能會需要用力攪打 30 分鐘）。品嚐並調整鹹度，亦可依喜好加入現磨黑胡椒。上桌前，可以用巴西里末裝飾。這道經典的威尼斯鹹點心或酒吧小吃，傳統吃法是搭配烤玉米糕（參考第 147 頁）享用。
維琴察燉鱈魚 （baccalà alla Vicentina）	所有傳統料理都有各式各樣的變化版本，維琴察燉鱈魚也不例外，以下是「維琴察燉鱈魚協會」（Confraternita del Baccalà alla Vicentina）推薦的作法：將一個黃洋蔥切成薄片，並以大量橄欖油翻炒。加入切碎的鹽漬沙丁魚（事先清洗並去骨），稍微翻炒。鍋子離火，拌入巴西里末。將泡開的魚塊沾上麵粉。將約莫一半的洋蔥混合物鋪在荷蘭鍋的底部，放入沾有麵粉的魚塊，再把剩餘的洋蔥混合物放在魚塊上面。撒上磨碎的格拉納乳酪（參考第 104 頁）、鹽與胡椒。加入足量牛奶，只讓魚塊表面稍微露出，然後加入橄欖油，把魚塊完全淹沒。以小火烹煮到魚肉變軟，約需 4.5 小時，烹煮期間偶爾旋轉鍋身（順時針或逆時針皆可），不過千萬不要攪拌鍋內材料。上菜前，應讓料理靜置 12~24 小時，讓風味更加融合。上桌時搭配玉米糕並以巴西里末裝飾。

鹽漬魚卵佐直麵

SPAGHETTI CON LA BOTTARGA

4 人份第一道主食

卡拉布里亞 Calabria、薩丁尼亞島 Sardegna、
西西里島 Sicilia、托斯卡尼 Toscana

¼ 杯特級冷壓初榨橄欖油

1 瓣大蒜

¼ 小匙乾辣椒末（選用）

半杯細麵包屑（參考第 134 頁）

2 大匙磨碎的鹽漬魚卵

粗海鹽，加入煮麵水用

450 公克乾製義式直麵

¼ 杯巴西里末

　　又是一道結合簡單食材發揮相乘效果的料理，一定要使用品質最佳的材料來製作。採購材料時，應購買完整的鹽漬魚卵，料理前再磨碎，才能達到最好的效果。可以選用鮪魚卵或烏魚子。烏魚子的味道比較溫和，一般來自薩丁尼亞島與托斯卡尼地區海岸；鮪魚卵的味道更有個性，顏色也比較深，是西西里島與卡拉布里亞部分地區的產品。打開真空包裝（或移除表面蜜蠟）以後，鹽漬魚卵可以冷藏保存約 1 年。鹽漬魚卵產品外面通常有一層薄膜，在磨碎前必須先剝除，只要把薄膜往後撕到需要使用的部分即可，剩餘的薄膜應保持原狀。

‧煮沸一大鍋清水。

‧橄欖油放入大平底鍋裡，以中小火加熱。加入大蒜與選用的辣椒末，頻繁地翻炒至大蒜變成金黃色。將大蒜取出，在鍋內加入麵包屑，持續翻炒以免燒焦，炒到麵包屑變成金黃色約需 3 分鐘。鍋子離火，拌入磨碎的鹽漬魚卵。

‧同時，待大鍋內的清水沸騰以後，加入鹽（參考第 20 頁，請記住鹽漬魚卵本身有鹹味），下麵。用長柄叉頻繁攪拌，將麵煮到彈牙（煮麵技巧請參考第 74 頁）。

‧麵煮好後，保留一杯煮麵水，然後將麵放入濾鍋裡瀝乾。瀝好的麵放入平底鍋，以中火大力翻拌至麵與料混合均勻，約需 2 分鐘。若麵看起來很乾，可加入少許煮麵水，每次加入 1~2 大匙，並在每次加水後翻拌均勻，至麵看來濕潤為止。以巴西里末裝飾，馬上端上桌。

鮪魚吸管麵

BUCATINI AL TONNO

4 人份第一道主食 　　　　　　　　　　西西里島 Sicilia、卡拉布里亞 Calabria

2 大匙加 1 小匙特級冷壓初榨橄欖油

1 個黃洋蔥，切碎

1 瓣大蒜，切片

1 條橄欖油漬卡拉布里亞辣椒或新鮮紅辣椒，瀝乾後切碎

1 罐（約 198 公克）義大利橄欖油漬鮪魚，瀝乾

2 大匙鹽醃續隨子，洗淨後瀝乾

1 個檸檬的磨碎檸檬皮

¼ 杯麵包屑

粗海鹽，加入煮麵水用

450 公克吸管麵

　　如果你手邊剛好有幾片老麵包，可以做一些酥脆的麵包丁，用來代替麵包屑。只要避免使用磨碎乳酪即可，義大利人不會用磨碎的乳酪搭配用海鮮烹煮的義式麵食。卡拉布里亞辣椒通常是以橄欖油漬的形式販售。鮪魚也非常適合加入番茄醬汁裡，只要把瀝乾的義大利罐裝鮪魚處理成片狀，加入第 30 頁的番茄醬汁，小火熬煮幾分鐘即可。

· 煮沸一大鍋清水。

· 將 2 大匙橄欖油放入一只大平底鍋裡，以中小火加熱。在鍋裡加入洋蔥、大蒜與辣椒，頻繁翻炒至洋蔥和大蒜變成金黃色。將鮪魚分剝成片狀並加入鍋中，煮至鮪魚完全熱透，約需 2 分鐘。拌入續隨子與檸檬皮，鍋子便可離火。

· 將麵包屑與剩餘的 1 小匙橄欖油拌勻，放入烤箱裡烘烤，或是放入鑄鐵平底鍋裡以中火翻炒至酥脆。

· 同時，待鍋內清水大滾以後，加入鹽，下麵。以長柄叉不時攪拌，將麵煮到彈牙（煮麵技巧請參考第 74 頁）。

· 麵煮好後，保留一杯煮麵水，然後將麵放入濾鍋內瀝乾。瀝好的麵放入平底鍋，以中火大力翻拌至麵與料混合均勻，約需 2 分鐘。若麵看起來很乾，可以加入少許煮麵水，每次加入 1~2 大匙，並在每次加水後翻拌均勻，至麵看來濕潤為止。以烘烤過的麵包屑裝飾，馬上端上桌。

45

果醬與蜂蜜

MARMELLATA E MIELE

　　蜂蜜與果醬不只可以抹麵包或淋在優格上吃。無論是蜂蜜、果醬或是糖漬水果、果凍與芥末水果（mostarda，也就是義大利版本的 chutney 印度酸辣醬）等其他類似的東西，用來搭配乳酪甚至是燉肉或烤肉，都可以替料理增添少許有趣的風味。Eataly 有各式各樣這類商品，包括番茄果醬以及用西西里的仙人掌果做成的抹醬。我們尤其喜愛來自皮埃蒙特地區朗格（Langhe）一帶一種叫做「cognà」的綜合堅果水果醬，那是一款綜合了葡萄和其他水果並將混合物熬煮至抹醬質地的特色醬料。在義大利，柑橘類果醬（marmellata）、非柑橘類果醬（confettura）與果凍（gelatin）若標有「extra」（特級）字樣，表示它們含有 45% 的水果。水果醬（composta di frutta）的糖量較低，至少有 65% 的水果。就如罐裝與瓶裝的番茄產品，果醬並不是次等的水果產品，而是具有不同用途的好物。在義大利，用來製作果醬的水果，一定等到全熟才摘採。

蜂蜜的種類

種類	季節	顏色	風味
刺槐蜜（acacia）	五月	色淺、淡黃色	糖衣杏仁與香草
栗樹蜜（castagno）	六月底至七月中	琥珀色	草香，稍帶苦味與單寧後味
桉樹蜜（eucalipto）	七月	琥珀色或淺褐色	像甘草，有煙燻味與帶有木香的香膏基調
阿爾卑斯山花蜜（fiori delle Alpi）	七月與八月	琥珀色	山區花朵與煮熟的朝鮮薊
森林蜜露（melata di bosco）	七月與八月	偏紅至偏棕的深琥珀色	香料、角豆、大黃與甘草等，以及融化黑糖的後味
百花蜜（millefiori）	春季與夏季	特質不一，按養蜂人而定	花香、糖漬水果、桃子糖漿
紅花黃蓍蜜（sulla）	七月與八月	深琥珀色，有時帶有綠色調	帶有麥芽和焦糖基調的樹脂味與香膏味
椴樹花蜜（tiglio）	六月底	金黃色至琥珀色	薄荷腦、新鮮香料與核桃

義大利人運用蜂蜜的方法

義式料理也經常用到蜂蜜。如下例舉出的運用方法，只需少量就可以體驗到蜂蜜的另一個層次：

將蜂蜜與杏仁利口酒（amaretto）以 8：1 的比例混合均勻，以雙層鍋加熱，再拌入烤過的杏仁條；搭配乳酪享用。

將幾滴蜂蜜加入油醋醬裡，用打蛋器打勻。

將蜂蜜和放至室溫的豬脂肪或瑞可達乳酪（ricotta）放在一起攪打至滑順，當成烤麵包片的抹醬。

將少許深色花蜜，如阿爾卑斯山花蜜，刷在肉上再加以烘烤，可以做出焦糖化的外殼。

在製作烘焙品時，用蜂蜜代替部分的糖。

森林蜜露（*melata di bosco*）

栗樹蜜（*castagno*）

紅花黃蓍蜜（*sulla*）

橙花蜜（*miele di arancio*）

刺槐蜜（*acacia*）

椴樹花蜜（*tiglio*）

義式果醬塔

CROSTATA ALLA MARMELLATA

直徑 20~23 公分的圓形塔，或 20 公分的正方形塔，約 12 人份

1 杯未漂白的中筋麵粉，額外準備一些擀麵用

¼ 杯砂糖

一撮細海鹽

6 大匙（¾ 條）無鹽奶油，趁冰涼切成小塊，額外準備一些抹烤盤用

1 個蛋黃

2 杯果醬，任何口味皆可

¼ 杯杏桃果醬刷亮釉用

果醬塔是義大利家庭烘焙的經典，也是凸顯出果醬風味的好方法。食譜裡酥塔皮（pasta frolla）用途廣泛，可以用來盲烤，也可以放入餡料烘烤，甚至可擀開切成餅乾。這種酥塔皮不難做，只不過不能揉過頭。在擀開之前，一定要放入冰箱冷藏一段時間。若要冷凍保存，可以將酥塔皮做成球狀，並用保鮮膜包好，或是擀開後放入圓形模具裡，也可以盲烤後再冷凍保存。這個食譜的份量也可以加倍，用長 28 公分寬 20 公分的烤盤來烘烤更大的果醬塔。如果使用莓果類的果醬，可嘗試在派皮裡加入少許磨碎的檸檬皮。

·將麵粉、糖與鹽放入攪拌盆裡，用叉子混合均勻。將奶油丁撒在上面，以切刀或手指捏奶油丁，直到混合物呈粗粒狀。加入蛋黃，用叉子攪拌至完全均勻，若需要的話，稍微用手揉麵。

·也可以用食物調理器製作酥塔皮。將乾材料放入裝有金屬鋼刀的攪拌盆裡，以調理機的瞬動鍵或間歇運轉功能，將材料混合均勻，然後加入奶油，繼續按瞬動鍵 4~6 次，直到混合物呈粗粒狀。加入蛋黃，攪打至麵團成形。

·將麵團整成厚圓盤狀，用保鮮膜包好，放入冰箱至少冷藏 1 小時，至多 1 天。

·準備要烘烤果醬塔時，將烤箱預熱 180°C。

·在一只直徑 20 或 23 公分的活動底塔盤內側抹奶油，亦可使用直徑 20 或 23 公分的彈簧扣環活動蛋糕模，或是邊長 20 公分的方型烤盤。抹好後放在一旁備用。

·將麵團放在稍微撒了麵粉的工作檯面上，切下三分之一用保鮮膜包好，放在一旁備用（若是廚房溫度比較高，則放入冰箱冷藏）。將剩餘三分之二的麵團擀成厚度約 0.6~1 公分的圓形或方形，擀出來的大小必須比模具大 2.5 公分。若是麵團太硬擀不開，稍微靜置幾分鐘再繼續擀。將擀好的塔皮用擀麵棍捲起來，移到烤盤裡展開。將塔皮往模具的底部與側面壓鋪好。

·從剩餘的麵團切下一小塊，在工作檯面上用手滾成約 1 公分的繩狀，沿著模具上緣在鋪好的塔皮上繞一圈。將剩餘的麵團用保鮮膜包好，放回冰箱冷藏。

糖漬蜜李

檸檬果醬

杏桃果醬

洋蔥芥末醬

藍布思柯葡萄果凍

紫無花果果醬

特純柑橘果醬

甜椒醬

· 在塔皮表面放上一張鋁箔紙，再放入乾豆子或烘焙重石，放進烤箱烤至塔皮定形乾燥，約需 15 分鐘。

· 將塔皮從烤箱取出，稍微放涼。將烤箱溫度調高至 200°C。

· 待塔皮溫度降到可以徒手觸摸的程度時，倒入 2 杯果醬抹平。在工作檯面撒點麵粉，將剩餘麵團擀成模具的形狀，邊緣應超出模具 2.5 公分，厚度約 0.6~1 公分。將塔皮切成寬度 1.2~2.5 公分的長條狀。交替將長條放在果醬塔表面排成格狀，並將末端固定在稍早做好的繩狀塔皮上。

· 放入烤箱烘烤至表面格狀塔皮金黃酥脆，約需 15~20 分鐘。

· 若要使用亮釉，則趁果醬塔在烤箱裡烘烤的時候，將杏桃果醬和 2 大匙清水放入小鍋裡攪拌均勻。以小火加熱並用打蛋器攪打，再把大塊果肉過濾掉。趁果醬塔尚且溫熱，替格狀塔皮刷上亮釉。將做好的果醬塔完全放涼，常溫享用。

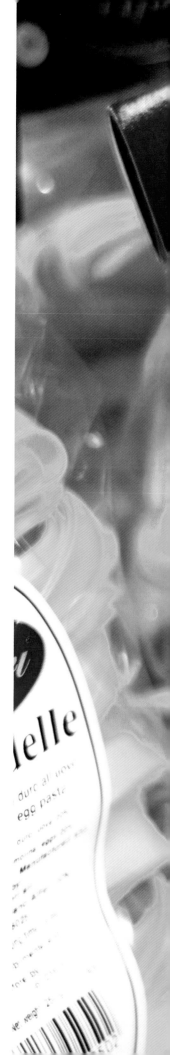

PASTA

義式麵食

麵，因簡單而完美。

品質標誌

最好的乾製義大利麵食，一定遵循著手工製作的簡單原則：以銅製模具擠壓而成，晾乾 24~48 小時，以確保麵食能具備能夠黏附醬汁的完美質地。

新鮮麵食不必然比乾製麵食好；兩者是不同的東西，通常也會搭配不同醬汁。

義大利人正式的一餐中，通常會享用份量適中的「第一道主食」（primo），例如一道麵食。他們很少把麵單獨當作一餐，會搭配其他主菜。

義式麵食通常以又低又寬的瓷製深盤裝盛，無論是端上桌的大碗或一人份量的小深盤。上菜前，應該要先把盛麵用的瓷碗或深盤溫過，可以將少量煮麵用的沸水舀入碗或深盤中，搖一搖，再把水倒掉。

新鮮麵食

PASTA FRESCA

柔嫩的新鮮麵食，無論是蛋麵、南部地區以新鮮麵粉和清水做成的麵食、枕形的
義式馬鈴薯麵疙瘩或其他種類，都具有能帶來飽足感的柔軟質地，以及醇厚的風味。
義大利的每一個地區，幾乎至少都有一款具代表性的新鮮麵食。

義大利人運用蛋麵的方法

名稱	類型	尺寸	傳統搭配
麵卷 （cannelloni）	皮埃蒙特地區用於填餡和焗烤的大型麵食	約 26 平方公分	有關瑞可達乳酪餡麵卷，可參考本書第 98 頁。
緞帶麵 （fettuccine）	一張麵皮切成的麵條，比一般麵條厚一點	寬 0.3 公分	羅馬地區的麵食，一般搭配鮮奶油底與橄欖油底的醬汁。
碎麵片 （maltagliati / stracci）	不規則形狀，通常大致呈菱形	約 1 公分寬	搭配豆泥很美味；適合直接放入高湯裡烹煮。
寬麵 （pappardelle）	麵條，有時為了做出凹槽邊緣而用滾輪刀切割大片麵皮而成	寬 1.6 公分	搭配野味醬汁。
小四角麵 （quadretti）	像小碎紙狀的正方形	1.2~1.9 公分	用網格直接切割大張麵片而成，或是將麵皮擀開後切成麵條，再把麵條攤開切成小正方形；適合直接放入高湯裡烹煮。
手切寬麵 （tagliatelle）	緞帶狀的麵條	寬 0.6 公分	波隆納人的驕傲，最適合搭配該城聞名於世的肉醬（參考第 56 頁）。
細麵（tajarin）	麵條	寬 0.2 公分	這種麵在義大利因地區不同而有「tagliolini」或「taglierini」等稱呼，在製作時會加入額外的蛋黃。製作細麵時，每兩個雞蛋裡應以兩個蛋黃代替其中一個雞蛋，也就是說，4 人份的細麵，會用約 4 杯麵粉、2 個全蛋與 4 個蛋黃製作而成。

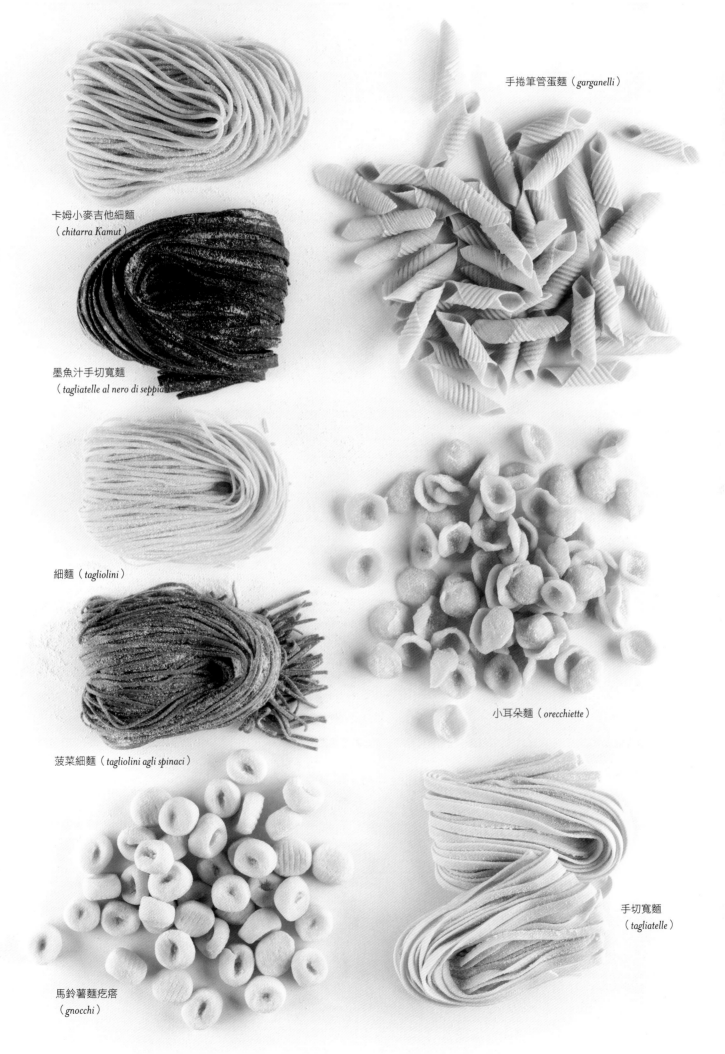

卡姆小麥吉他細麵
（ chitarra Kamut ）

墨魚汁手切寬麵
（ tagliatelle al nero di seppia ）

手捲筆管蛋麵（ garganelli ）

細麵（ tagliolini ）

小耳朵麵（ orecchiette ）

菠菜細麵（ tagliolini agli spinaci ）

馬鈴薯麵疙瘩
（ gnocchi ）

手切寬麵
（ tagliatelle ）

如何製作蛋麵

蛋麵是義大利最常見的新鮮麵食，在義大利中部與北部非常普遍。蛋麵不難做，只會用到手邊可能隨時都有的兩種材料：未漂白的中筋麵粉以及雞蛋。每一人份的蛋麵，大約需 1 個大雞蛋與 1 杯麵粉。如果你是製麵新手，剛開始先用 ¾ 杯麵粉和 1 個雞蛋，然後再慢慢把剩餘麵粉加進去。製麵需要一個大型木製檯面，大部分的義大利家庭都有都有一塊能夠穩固掛在工作檯面旁邊的擀麵板、一只麵團刀或刮刀。若是要用手擀麵（最好是手擀，不過需要練習才能熟能生巧），也需要一支擀麵棍，不然就得使用壓麵機。蛋麵也可用來製作包餡的麵餃與焗麵（pasta al forno）。

1. 麵粉放在工作檯上或大碗內，中央挖一個小洞，建議新手先用碗操作。把蛋打入洞裡，用一手的食指與中指或小叉子打蛋。慢慢把小洞周圍的麵粉拌進去，直到蛋液完全吸收。以麵團刀將混合好的麵團移到一旁靜置。

2. 把黏在手上的麵團弄乾淨，並把掉下來的碎屑加入麵團裡，洗淨雙手。清理工作檯面，先用麵團刀刮乾淨，再用溼布或海綿擦拭（如果在碗裡揉麵，就可以省略這個步驟）。在工作檯面上撒點麵粉。

3. 將麵團移到稍微撒了麵粉的工作檯面上，開始揉麵。天氣、麵粉的新鮮度、雞蛋的大小與其他許多因素都會影響麵團的質地。如果麵團摸起來又乾又易碎，就灑點溫水，直到麵團變得柔軟有彈性為止。如果麵團太溼，難以操作，則以每次約 1 大匙的量加入麵粉，直到適合操作為止。持續揉麵，直到麵團表面平滑，約需 10 分鐘。用刀子切麵團的時候，應該會看到均勻的顏色與質地，沒有混合不均的麵粉以及／或蛋液。

4. 以麵團刀將工作檯面清乾淨。將麵團放在工作檯面旁邊，取一只碗倒扣蓋住麵團，如果前面用碗操作，可以把同一個碗沖洗後拿來用。讓麵團鬆弛 30 分鐘，這是製作蛋麵麵團中最重要的步驟，千萬不可省略。

5. 將一塊雞蛋大小的麵團切下來，剩餘麵團用倒扣的碗蓋好。

6. 用擀麵棍擀麵時，先將麵團大致整成圓形。在乾淨的工作檯面上撒點麵粉。以擀派皮的方式擀麵，從中間開始，朝著遠離自己的外側擀出去。將麵團轉四分之一圈，重複同樣的動作，直到把麵團轉完一圈，然後繼續擀麵，每次旋轉麵團約八分之一圈，將麵團擀成厚度至多 0.3 公分的麵皮。擀麵期間，若麵皮好像快要黏在工作檯面或擀麵棍上，則在麵皮表面補撒少許麵粉。繼續把麵皮擀薄，將四分之三的麵皮朝著自己的方向捲在擀麵棍上，然後用雙手從擀麵棍中間往兩端迅速推壓延展麵皮，再將擀麵棍朝著遠離自己的方向將麵皮展開。繼續以這個動作擀麵，每次推壓動作結束，就將麵皮轉向，直到麵皮變得非常薄為止（請參考「重點筆記」）。用壓麵機擀麵時，先將壓麵機間距調整在最厚設定，讓麵團通過圓滑的滾筒。將麵團對折，再次通過滾筒，然後再對折，並放入壓麵機壓第三次。此時的麵團應該已經很平滑。接著一次次地讓麵團通過滾筒，並慢慢將壓麵機間距調小。若壓麵機最厚的設定是 10，接下來就調整到 9，把麵團放進去壓過，不需再把麵團對折，而是一步一步把設定調小，直到麵團壓到預期的厚度為止，通常都要壓到最薄，不過也有些例外狀況，請參考後

文說明。壓製剩餘麵團的同時，將壓好的麵皮放在一旁靜置約 10 分鐘。擀好的麵皮先放在桌子或工作檯面上，並讓大約三分之一的麵皮垂掛在邊緣。

7. 把手擀麵皮切成麵條時，先把工作檯面清理乾淨，撒上少量麵粉。拿一塊乾淨的平織擦碗巾，平鋪在一旁備用。輕輕用擀麵棍將第一張麵皮捲起來，再讓麵皮從擀麵棍滑到工作檯面上（滑下來以後應該是扁平的麵卷）。將麵卷切成合適的寬度，輕輕拿起，讓麵條掉落在擦碗巾上，使麵條自然展開。將剩餘的麵皮切好。麵條應該是相當乾燥的狀態，不過假使看來稍微會沾黏，可在切好的麵條上再補撒點麵粉。切麵條時，應按下列作法進行：麵皮的表面應該非常乾燥且不泛光。在麵皮上撒一點麵粉，讓麵皮通過切麵條用的有槽滾筒，或是用手切成想要的形狀。

重點筆記：傳統上，麵皮應該要非常薄，把麵皮放在報紙上，要能讀到下面的文字。由於這樣的判斷方法不太衛生，也可以把手放在麵皮底下，觀察是否能看得到手。

變化版

如今我們可以找到多種顏色與風味的蛋麵，不過在義大利，除了金黃色的原色蛋麵以外，正統的彩色蛋麵其實只有其他兩種。

綠色的菠菜麵：將菠菜煮熟後（參考第 168 頁）盡可能切成細末。在製麵的步驟一，將菠菜末和雞蛋一起加入麵粉中，再操作接下來的步驟。可能需要多一點麵粉，才能平衡加入菠菜後多出來的水分。每個雞蛋／每份麵條應使用約 113 公克新鮮菠菜。最常見的綠色麵，是長麵片與手切寬麵。適合搭配肉醬，例如第 56 頁的波隆納肉醬。也可以同時使用一般蛋麵和菠菜蛋麵，做成所謂的「稻草與乾草」（paglia e fieno）混搭麵，非常適合搭配以豌豆和火腿丁做成的麵醬。

黑色的墨魚汁蛋麵：在製麵的步驟一，加入墨魚汁，再操作接下來的步驟。每個雞蛋／每份麵條應使用約 1 大匙的墨魚汁。最常見的黑色麵，是手切寬麵與細麵。適合搭配任何海鮮類醬汁。

如何煮新鮮蛋麵：煮新鮮蛋麵動作要快，一旦麵條浮到水面，差不多就熟了。當然，撈出來以前一定要嚐嚐看。過程只有 5~10 秒，因此在下麵之前，一定要把料理的其他材料先備好。

手切寬麵佐波隆納肉醬

TAGLIATELLE ALLA BOLOGNESE

4 人份第一道主食　　　　　　　　　　　　艾米利亞－羅馬涅 Emilia-Romagna

2 大匙無鹽奶油

2 大匙特級冷壓初榨橄欖油

1 個小黃洋蔥，切末

1 條小胡蘿蔔，切末

1 根西洋芹，切末

1 大匙蒜末

約 113 公克小牛絞肉

約 113 公克豬絞肉

約 113 公克牛絞肉

細海鹽，用量依喜好

¼ 杯白酒

¼ 杯濃縮番茄糊

現磨黑胡椒，用量依喜好

¼ 杯雞肉高湯或牛肉高湯

粗海鹽，加入煮麵水用

新鮮手切寬麵，約用 4 杯未漂白中筋麵粉與 4 個大雞蛋製作而成（參考第 54 頁）

磨碎的格拉納乳酪（參考第 104 頁），上桌前撒上

　　好肉醬美妙無比，但它經常被誤解。肉醬不等於番茄醬，它是用絞肉做成的醬汁，烹煮時只用少許罐裝番茄或濃縮番茄糊調味。肉的風味是肉醬的基調，應該要慢慢烹煮，急著讓肉上色，會讓肉醬的口感變柴。肉醬配上絲綢般滑嫩的手切寬麵，是波隆納的代表性料理之一。肉醬與波隆納極為密切，任何以波隆納或波隆納風格來稱呼的料理，都與肉醬脫不了關係。

‧取一只厚重的荷蘭鍋或大型厚底鍋，在鍋內放入奶油與橄欖油，以中火加熱至奶油融化。放入洋蔥頻繁翻炒至變透明，約需 5 分鐘。加入胡蘿蔔、西洋芹與大蒜，將蔬菜頻繁翻炒至香，並煮到蔬菜變軟，約需 2 分鐘。

‧將小牛絞肉、豬絞肉、牛絞肉壓碎後放入鍋中。以細海鹽調味。轉小火，煮至絞肉釋出大部分油脂而且恰好開始上色，約需 5 分鐘，期間應不時翻拌。將鍋內油脂舀掉一部分，留下恰能覆蓋鍋底的油脂量。每種肉的狀況不同，有些肉可能不會有過多的脂肪。

‧加入白酒，並調成中火。烹煮至到酒精揮發，約需 6 分鐘，期間應偶爾翻拌。

‧調降至小火，加入濃縮番茄糊，攪拌至材料混合均勻，繼續熬煮 20 分鐘，期間不時翻拌。依喜好以鹽和胡椒調味。加入高湯，若有必要可調整火力，讓鍋內保持微滾。熬煮到高湯收乾但醬汁仍然溼潤的程度，約需 45 分鐘以上。品嚐醬汁，若有必要，可調整調味料用量，調味完成後離火。

‧煮沸一大鍋清水。水滾後加入粗海鹽（參考第 20 頁），下麵。煮至麵條浮到水面（參考第 55 頁）。

‧將少量醬汁抹在一只溫過的大碗裡。

‧麵煮熟以後，放入濾鍋裡瀝乾，然後立刻盛入抹有醬汁的大碗內。淋上剩餘醬汁，大力翻拌至麵與醬混合均勻。立刻和磨碎的乳酪一起端上桌。

細麵佐松露奶油醬

TAJARIN CON BURRO AL TARTUFO

4 人份第一道主食　　　　　　　　　　　　　　　　　　皮埃蒙特 Piemonte

粗海鹽，加入煮麵水用

新鮮細麵，約用 4 杯未漂白中筋麵粉、2 個全蛋與 4 個蛋黃製作而成（參考第 54 頁）

1 大匙白松露奶油

在皮埃蒙特方言中，「tajarin」指細蛋麵，也就是義大利其他地方稱為「taglierini」的麵條。可依喜好，以黑松露來代替食譜中的白松露。

‧煮沸一大鍋清水，加入鹽（參考第 20 頁），下麵，煮至麵條浮到水面上，最多需要約 2 分鐘（參考第 55 頁）。

‧同時，取一只裝得下所有麵條的單柄鍋，放入白松露奶油，以小火加熱。奶油一融化，鍋子便離火。

‧將麵瀝乾，保留 1 杯煮麵水，將麵加入松露奶油裡。在大火上翻拌，讓麵條沾上醬汁。若有必要，可加入少許煮麵水，讓醬汁不至於太濃稠。將麵分到四只溫過的深盤中，立刻端上桌。

怎麼吃義大利麵

很久以前，長麵條在義大利是一種用手吃的食物，煮好的麵條直接抓著放進嘴裡享用，不搭配任何醬汁。如今，這種吃法只會讓人覺得害羞而已。不要被長麵條或裝著它們的深盤嚇到了，只要按照下述方法，保證你立刻成為吃麵達人：

1. 將叉子插入麵裡，讓叉子和深盤形成 45 度角。

2. 一邊將叉子朝著盤緣往上拉，一邊旋轉叉子。

3. 一股作氣迅速把叉子拿起來，身體往前傾，把麵吃掉。

春蔬千層麵

LASAGNE PRIMAVERA

6 人份第一道主食　　　　　　　　　　　　　艾米利亞－羅馬涅 Emilia-Romagna

---

2 杯全脂牛奶

1 片月桂葉

4~5 粒黑胡椒

4 大匙（半條）無鹽奶油

3 大匙未漂白的中筋麵粉

細海鹽，用量依喜好

一撮磨碎的肉豆蔻

1 瓣大蒜

一把新鮮甜羅勒的葉子（約 2 杯未壓緊的量）

2 大匙松子，額外準備一些當作裝飾

半杯特級冷壓初榨橄欖油，另外多準備一些抹烤盤用

¾ 杯磨碎的羅馬羊乳酪（pecorino Romano）

約 24 片新鮮的長麵片，每片約 10 公分寬、25 公分長，約以 3 杯未漂白中筋麵粉與 3 個大雞蛋製作而成（參考第 54 頁）

粗海鹽，加入煮麵水用

454 公克蘆筍，若很粗厚，可縱切成兩半

1 杯新鮮豌豆仁，或冷凍豌豆

傳統的波隆納千層麵，是以奶油白醬和波隆納肉醬（第 56 頁）製作而成。焗烤麵食有許多種不同的有趣變化，只要掌握竅門，就可以隨興運用新鮮蛋麵。這道料理很適合春天，不過也可以用不同季節的蔬菜來代替蘆筍和豌豆。如果想使用新鮮豌豆而且打算自己剝豆莢，會需要約 340 公克豆莢。注意，到餐廳點千層麵時，複數形的「lasagne」才是一整份的麵，若是單數「lasagna」，則只有一塊麵片。

· 將牛奶放入小單柄鍋，加入月桂葉和胡椒粒，以小火加熱至溫熱。過濾牛奶，將月桂葉和胡椒粒丟掉。取另一只小單柄鍋，放入奶油加熱至融化。

· 以打蛋器拌入麵粉，在小火上邊煮邊持續攪打 2 分鐘。以每次 2 大匙的量，慢慢將牛奶加入奶油麵糊裡，每次加入牛奶以後應攪拌均勻。依喜好加入細海鹽，繼續邊煮邊攪拌，至混合物達到優格般的質地，且沒有生麵粉味，約需 15 分鐘。拌入肉豆蔻粉後放在一旁備用。

· 將大蒜和一大撮細海鹽放入大研缽裡，研磨成泥狀。保留幾片甜羅勒葉裝飾用，剩餘甜羅勒放入研缽裡，將葉片磨細。先加入四分之一的量，每次磨細後，再加入少許葉片，直到磨完所有的甜羅勒葉。加入 2 大匙松子，將松子磨碎。加入橄欖油，磨到青醬質地變滑稠。最後，加入半杯羅馬羊乳酪，磨到青醬滑順且完全混合均勻。

· 煮沸一大鍋清水。在工作檯面上鋪一塊乾淨的平織擦碗巾，旁邊準備一碗冰水。煮麵水沸騰以後加入粗海鹽（參考第 20 頁），放入 4 塊長麵片。煮至麵片浮上水面，約需 30 秒（參考第 55 頁），用瀝勺撈起，放入冰水中浸泡一下，然後放到擦碗巾上平鋪成一層。以同樣的方式處理剩餘的麵片。輕輕將煮好的麵片拍乾。

· 將蘆筍放在平底鍋內，平鋪成一層。加入能夠淹過蘆筍的清水，然後放入鹽，以中火熬煮至蘆筍開始變軟的程度，約需 3~5 分鐘。用漏勺將蘆筍取出，立刻放入冰水中降溫，瀝乾後切成約 1 公分小段。同時，將豌豆放入同一只平底鍋內，若有必要

可加入少許清水，讓水位恰好淹過豌豆，以中火熬煮至軟，若是新鮮豌豆約需 5 分鐘，冷凍豌豆需要的時間較短。煮好後取出瀝乾，一旁備用。

· 將烤箱預熱 230°C。在一只長 33 公分寬 23 公分的烤盤裡抹一點油。將奶油白醬大致分成五份，青醬分成四份，不需要太精確。在烤盤底部鋪一層長麵片，若有必要可以將麵片加以切割。總共需要做九層，不過只有底層需要完全貼合烤盤。將大約五分之一的奶油白醬抹在麵片上，再放上另一層麵片，然後把四分之一的青醬抹上去，接下來是五分之一的奶油白醬。撒上 2 大匙磨碎的羅馬羊乳酪，然後均勻地撒上約三分之一分量的蘆筍段與豌豆。在蔬菜上面放五分之一份奶油白醬，然後再放上另一層麵片。

· 繼續組合，在麵片上抹四分之一份青醬，疊上另一層麵片，然後是另一層約三分之一的蔬菜。放上另一層麵片、四分之一份青醬、再一層麵片、以及剩餘的蔬菜。在這上面放上另一層麵片、剩餘的青醬、另一層麵片、五分之一份奶油白醬，以及剩餘的麵片。將剩餘的奶油白醬抹在表面，撒上剩下的 2 大匙羅馬羊乳酪，然後放入烤箱烤到表面形成一層硬殼並上色，約需 10 分鐘。若是在 10 分鐘以後表面尚未上色，則打開烤箱的上火炙烤功能，烤到上色約需 4 分鐘。

若要品嚐義式麵食美味的雜糧麵香，
就應該煮到彈牙的程度。

小耳朵麵佐甘藍菜苗與羊乳酪

ORECCHIETTE CON CIME DI RAPA E PECORINO

4 人份第一道主食　　　　　　　　　　　　　　　　　　普利亞 Puglia

1 杯杜蘭小麥粉（semolino）

1½ 杯未漂白的中筋麵粉，另準備少許製麵時當手粉

粗海鹽，加入煮麵水用

一把甘藍菜苗，將纖維較粗的莖去掉

¼ 杯特級冷壓初榨橄欖油，額外準備一些澆淋用

1 瓣大蒜

¼ 杯磨碎的陳年羊乳酪（pecorino），最好來自普利亞地區

乾辣椒末，用量依喜好

　　小耳朵麵是普利亞的代表性麵食，麵裡用了大量硬質麵粉而有絕佳的嚼勁。小耳朵麵的形狀，是在木製工作檯面上以手拖曳麵團而成，並不是擀出來的，做好麵團後，不需要醒麵就可以直接進入整形步驟。小耳朵麵的材料裡沒有雞蛋，做好後可以長時間保存。把小耳朵麵做好，置於烤盤上放到完全乾燥，然後放入密封罐或其他容器內，至多可以保存 2 個月；做好後立刻使用當然也可以。若非乾燥過的小耳朵麵，煮熟的時間很短。也可以用現成的小耳朵麵來製作這道料理，不過因為小耳朵麵很容易做，又可以長時間存放，請至少試著自己動手做一次。

· 取一只中型碗，將麵粉放入碗中，用打蛋器打散。將麵粉倒在工作檯面上堆成小丘狀，在中間挖一個洞。

· 將約 2 大匙室溫清水倒入洞裡。用兩隻手指將旁邊的麵粉往中間拌進去。等到水分完全被吸收，便可重複加水的動作，每次加入少量清水，直到做出柔軟的麵團為止。大約會需要⅔~1 杯水。若有需要，可以在每次加水之間，重新將麵粉堆好。

· 開始揉麵，將麵團揉至平滑柔軟，約需 10 分鐘。若在揉麵時麵團碎裂，則將手打溼再繼續，以這種方法將少量液體揉進去，重複數次至麵團成形。

· 在烤盤裡撒點麵粉，一旁備用。切下一塊高爾夫球大小的麵團，拿一個碗倒扣蓋住剩餘麵團，避免麵團乾掉。將切下來的麵團放在工作檯面上，並滾成直徑約 1 公分的圓柱狀。

· 用刀子切下約 2.8 公分寬的小圓盤，將圓盤朝著柱狀麵團的反方向、在工作檯面上施壓拖曳，然後以指尖將圓盤拿起來並翻面，小耳朵麵邊緣會捲起，像頂小帽子。將做好的麵放到準備好的烤盤上。接續將所有的麵團都做成小耳朵麵。

· 煮沸一大鍋清水。待水沸騰以後加入鹽，放入甘藍菜苗煮至軟，約需 3~5 分鐘。

‧以漏勺將甘藍菜苗撈出來，放在冷水下沖洗降溫。將甘藍菜苗的水分儘量擠乾，然後大略切碎，一旁備用。

‧將鍋內的水再次加熱到沸騰，放入小耳朵麵，若是新鮮的麵，烹煮到彈牙約需 5 分鐘，若是乾燥的麵，則需要 12 分鐘。烹煮時間按照麵的乾燥程度與厚薄度而定。手工麵大小不一，應多嚐幾塊好判斷熟度。

‧取一只大平底鍋，在鍋內加熱 2 大匙橄欖油。蒜瓣去皮並拍碎，放入熱油裡翻炒至上色後，以漏勺撈掉。

‧麵煮熟後瀝乾，和剩餘的橄欖油與切過的甘藍菜苗一起加入平底鍋內。以中火拋翻至混合均勻，約需 2 分鐘。鍋子離火，撒上磨碎的乳酪與少許辣椒末，再次翻拌均勻。淋上少許橄欖油，立刻端上桌。

馬鈴薯麵疙瘩佐香辣番茄醬

GNOCCHI AL POMODORO PICCANTE

6 人份第一道主食   維內托 Veneto

4 個褐皮馬鈴薯（總共約 680 公克）

2 杯粗海鹽，另準備一些加入煮麵水用

3 杯未漂白的中筋麵粉，另準備一些撒粉用

1 大匙細海鹽，另準備一些替醬汁調味

¼ 杯特級冷壓初榨橄欖油，另準備一些盛盤用

2 瓣大蒜，拍碎

一撮乾辣椒末

1 罐（約 454 公克）整顆去皮番茄

枕狀的馬鈴薯麵疙瘩有著溫和風味，適合搭配稍帶辣味的番茄醬汁。馬鈴薯麵疙瘩也非常適合搭配味道強勁辛辣的哥岡卓拉藍紋乳酪（Gorgonzola，參考第 94 頁）。製作馬鈴薯麵疙瘩用的馬鈴薯，通常會以焗烤而非水煮方式來處理，這樣馬鈴薯才不會太溼。馬鈴薯麵疙瘩是最容易製作的一種新鮮麵食，唯一需注意的是，麵粉不能一次放太多，應慢慢加入，通常用不到 3 杯。

· 烤箱預熱 180°C。在烤盤裡鋪一張烘焙紙，一旁備用。

· 將約半杯粗海鹽撒在烤盤底部，面積大致足以容納馬鈴薯。將馬鈴薯放在鹽上，再用剩餘的粗海鹽將馬鈴薯蓋起來。放入預熱好的烤箱中，烘烤至可以輕易用削皮刀刺穿的程度，約需 40 分鐘。烤好後靜置於一旁放涼，把鹽丟掉。

· 一旦馬鈴薯的溫度降到足以徒手操作的程度，將馬鈴薯去皮，用馬鈴薯壓泥器或叉子壓成泥，確實將馬鈴薯弄碎，不要留下任何大塊。將馬鈴薯泥放在工作檯面上，平鋪成邊長約 25 公分的正方形。

· 取一只碗，在碗內放入 2 杯麵粉與 1 大匙細海鹽。混合均勻後，撒在馬鈴薯上。

· 將馬鈴薯麵團揉成質地均勻柔軟，但稍微黏手的麵團。一開始若有必要，可以用麵團刀協助操作。若麵團太黏手，則從剩餘的 1 杯麵粉中取少量加入，不過，加入的麵粉愈少，馬鈴薯麵疙瘩的質地就愈輕盈。

· 用刀將麵團切成約雞蛋大小的等份。每次取一塊，揉成直徑大約 2 公分的長條，然後切成長度 2.5 公分的小塊。

· 每次取一小塊切好的麵疙瘩，以叉子背面輕輕往下按壓，讓麵疙瘩順著叉子的施力方向滾到準備好的烤盤上。逐一處理完所有的麵疙瘩。完成的馬鈴薯麵疙瘩應該有稍微彎曲的凹槽，可以吸附醬汁。在馬鈴薯麵疙瘩上撒少許麵粉，一旁備用。

· 將橄欖油、大蒜與乾辣椒末放入單柄鍋內，以中火炒到蒜香飄

出且大蒜變成淺棕色。在鍋內加入番茄湯汁與用手捏碎的番茄（參考第 31 頁）。依喜好加入鹽調味。熬煮至稍微變稠，約需 20 分鐘。

・煮沸一大鍋清水，加入鹽（參考第 20 頁），放入馬鈴薯麵疙瘩。煮至馬鈴薯麵疙瘩浮上水面，約需 1 分鐘。用漏勺將煮熟的馬鈴薯麵疙瘩撈起來，放到濾鍋裡瀝乾。

・在深盤底部抹上少量番茄醬汁。放入瀝乾的馬鈴薯麵疙瘩，然後將剩餘醬汁舀上去，翻拌均勻，淋上少取橄欖油，立刻端上桌。

新鮮的義式麵餃

PASTA FRESCA RIPIENA

圓形小麵餃（tortellini）、小帽餃（cappelletti）、皮埃蒙特肉餃（agnolotti）或其他形狀的填餡麵食，在義大利通常都是節慶料理，會讓義大利人回想起小時侯在廚房裡「幫忙」的美好回憶。義大利人常讓孩子們用靈巧的小手指來幫忙折疊小塊麵食，一些比較大的填餡麵食如麵卷（參考第 98 頁），同樣不需太費心處理，也能同樣好吃。在開始擀麵之前，一定要先把餡料準備好。

義大利人製作麵餃的方法

義式麵餃通常會用第 54 頁的蛋麵麵團來製作。製作麵團時應加入 1 大匙牛奶，讓麵團更有彈性，並且小心不要加太多麵粉，以免不夠柔軟。製作麵餃用的麵團需進行許多操作，因此，注意不要在擀麵時讓其他擀好的麵皮乾掉，應該要在麵皮擀好時，立刻開始填餡，還沒擀的麵團則用碗蓋好。餡料不要填太多，否則麵餃在烹煮時會很容易破掉。

名稱	形狀	餡料	傳統搭配方式
帽形餃（cappellaci）	比較大的小帽餃，來自費拉拉（Ferrara）。	南瓜與磨碎的乳酪	奶油鼠尾草醬或波隆納肉醬（參考第 56 頁）
小帽餃	直譯為「小帽子」，類似圓形小麵餃，不過在製作時使用方形而非圓形麵皮，對折以後再將兩個等角捏合，看起來就像三角帽。	肉餡與／或乳酪餡，通常會加入少許義式肉腸（mortadella）或義式火腿（prosciutto）；在沿海地區也會填入魚肉餡。	煮熟後搭配清湯
半月餃（casunziei）	來自維內托地區科提納安佩佐（Cortina d'Ampezzo）的半月形麵餃。	甜菜根與少量乳酪（也有填入蔬菜餡的版本）	奶油與罌粟籽
方餃（ravioli）	在長方形麵皮放上餡料，將麵皮對折後切割而成的方形麵餃；可以用小叉子沿著麵餃邊緣壓緊，將麵餃密封。	蔬菜與瑞可達乳酪	奶油鼠尾草醬

小帽餃（*cappelletti*）

乳酪胡椒方餃
（*ravioli caccio epepe*）

大肚餃（*pansotti*）

南瓜餃（*ravioli di zucca*）

方餃（*ravioli*）

手捏皮埃蒙特肉餃
（*agnolotti del plin*）

肉餃佐奶油醬

AGNOLOTTI DEL PLIN CON BURRO FUSO

4 人份第一道主食   皮埃蒙特 Piemonte

227 公克菠菜

5 大匙無鹽奶油

1 個小黃洋蔥，切碎

1 瓣大蒜，切薄片

454 公克牛絞肉或小牛絞肉，或是兩者混合

細海鹽，用量依喜好

半杯磨碎的格拉納乳酪（參考第 104 頁）

一撮肉豆蔻粉

以約 3 杯未漂白中筋麵粉和 3 個大雞蛋做成的麵團，切成 2.5 公分寬的長條狀（參考第 54 頁）

粗海鹽，加入煮麵水用

4 片新鮮鼠尾草葉，切碎

手捏皮埃蒙特肉餃是皮埃蒙特地區的驕傲，它是一種包肉餡的迷你方餃，通常搭配奶油醬或烤肉醬汁。它完全體現出皮埃蒙特地區料理的特色：豪華卻不需繁複技巧。「Plin」一字為當地方言，有「掐捏」的意思，指的是將方餃餡料密封的技巧。也可以將麵皮切成小正方形，然後再把肉餡包進去，不過，以下介紹的作法比較快速，也稍微簡單些。

・煮熟菠菜（參考第 168 頁），把水分擰乾後放在一旁備用。

・取一只大平底鍋，在鍋內放入奶油，以中火加熱至奶油融化。加入洋蔥，不時翻拌，炒至洋蔥變透明，約需 5 分鐘。加入大蒜，翻炒至上色，約需 5 分鐘。加入絞肉，用叉子把絞肉壓碎。將肉炒到上色，以鹽調味後離火，稍微放涼。

・將炒好的肉餡和菠菜一起用刀剁碎，不要用食物調理機，否則肉餡會變成糊狀。拌入磨碎的乳酪與肉豆蔻。

・將一大塊麵皮放在工作檯面上。沿著麵皮的長邊，每隔 2.5 公分放上 ¼ 小匙肉餡。將另一半沒有放餡的麵皮對折過去，把肉餡蓋起來。用手指在每團肉餡之間輕壓，將麵皮封緊。用鋸齒滾輪刀沿著麵皮長邊將沒有重疊的多餘麵皮切掉，然後切過肉團之間封好的麵皮。做出長 2.5 公分、寬約 1 公分的小方餃。以同樣方式處理剩餘麵皮。

・煮沸一大鍋清水，放入鹽（參考第 20 頁），下麵餃。煮到麵餃浮上水面（參考第 55 頁），可能需要不到 3 分鐘的時間。

・同時，將剩餘的 4 大匙奶油放入一只能夠容納所有麵餃的單柄鍋內，以小火加熱。一旦奶油融化，鍋子便可離火。

・將煮好的麵餃撈出瀝乾，放入鍋內與奶油翻拌。拌入切碎的鼠尾草，將麵餃均分到四個事先溫過的深盤裡，立刻端上桌。

大肚餃佐核桃醬

PANSOTTI CON SALSA DI NOCI

4 人份 利古里亞 Liguria

227 公克菠菜

¾ 杯瑞可達乳酪，瀝乾使用

1 杯加上 2 大匙磨碎的格拉納乳酪（參考第 104 頁），另外準備一些點綴用

2 小匙細海鹽

以約 3 杯未漂白中筋麵粉和 3 個大雞蛋做成的麵團，切成 9~10 公分寬的長條狀（參考第 54 頁）

2 杯核桃

2 瓣大蒜

6 大匙特級冷壓初榨橄欖油

3 大匙新鮮扁葉巴西里末

現磨黑胡椒，用量依喜好

粗海鹽，加入煮麵水用

3 大匙無鹽奶油，切成小丁

　　大肚餃的義大利文「pansotti」，在利古里亞方言裡是正是「肚子」的意思，有時也拼成「pansòti」或「pansòtti」。是一種包入蔬菜瑞可達乳酪餡的半月形或三角形麵餃，傳統上會搭配核桃醬享用。大肚餃也很適合與另一種用融化奶油和檸檬皮做成的簡單醬汁一同享用，上面再撒上開心果。如果買來的瑞可達乳酪含水量高，需先將乳酪放入細目篩裡瀝乾一小時左右。製作這道料理，需要夠乾燥的瑞可達乳酪，否則將難以用指尖捏成球狀。

· 煮熟菠菜（參考第 168 頁），將水分儘量擰乾，將菠菜用刀切碎。將菠菜、瑞可達乳酪、¾ 杯磨碎的乳酪與 1 小匙鹽混合均勻。品嚐並調整鹽用量。

· 用餅乾模或果汁杯的杯緣（Eataly 使用邊緣有鋸齒的模子，成品較為美觀，不過邊緣平滑的模子做起來一樣好吃），在麵皮上壓出直徑 9~10 公分的圓形麵皮。將切剩的麵皮重新擀開，再切出更多圓形麵皮。最後一定會剩下幾塊奇形怪狀的麵皮，義大利人通常會把最後這幾塊也擀成圓形，全部用完。

· 將約 1 大匙的乳酪菠菜餡放在每片圓形麵皮稍微偏離中心點的位置。取一只小碗，在裡面注滿溫水。稍微把指尖沾溼，用指尖沿著圓形麵皮邊緣畫一圈，然後將圓形麵皮對折，將邊緣壓緊密封。做好的麵餃放在一旁備用，接續將所有的麵餃包完。

· 所有麵餃都包完以後，開始製作醬汁。將核桃放入平底鍋內乾烤，或是放入預熱至 180°C 的烤箱內烘烤至香味飄出。以平底鍋處理約需 5 分鐘，烤箱則需要 8~10 分鐘。

· 取研缽和杵，或是裝了金屬刀片的食物調理機，將核桃與大蒜研磨或攪打到細碎，尚未變成粉狀的程度，用橡皮刮刀刮入一只碗中。在碗裡拌入橄欖油、6 大匙磨碎的乳酪、巴西里、以及 1 小匙鹽，攪拌至完全混合均勻。品嚐並以胡椒調味，若有需要，也可以再加鹽。

· 煮準一大鍋清水，加入鹽（參考第 20 頁），放入麵餃。煮到麵餃浮到水面，約需要不到 3 分鐘（參考第 55 頁）。

· 以瀝勺撈出麵餃，放入一只溫過的大碗內。保留約 1 杯煮麵水。將奶油丁均勻撒在麵餃上，藉由麵餃的熱度讓奶油融化，翻拌至混合均勻。若核桃醬看起來很稠，則用幾大匙煮麵水加以稀釋，將核桃醬加入麵餃中翻拌均勻。若醬汁結塊，無法沾附在麵餃上，則以每次 1 大匙的量繼續加入煮麵水，直到醬汁能均勻沾附在麵餃上為止。立刻和額外的磨碎乳酪一起端上桌。

圓形小麵餃佐肉高湯

TORTELLINI IN BRODO

8~10 人份第一道主食　　　　　　　　　　　艾米利亞－羅馬涅 Emilia-Romagna

907 公克帶骨牛肉

907 公克閹雞

2 根西洋芹，切碎

2 根胡蘿蔔，切碎

1 個大黃洋蔥，去皮後切碎

1 片月桂葉

1 枝巴西里

2 瓣大蒜

1 大匙黑胡椒粒

2 大匙無鹽奶油

227 公克豬里脊肉，切碎

2 片新鮮鼠尾草葉

113 公克義式生火腿（prosciutto crudo）

113 公克義式肉腸

半杯磨碎的帕馬森乳酪

一撮現磨肉豆蔻粉

細海鹽，用量依喜好

現磨黑胡椒，用量依喜好

1 個大雞蛋，稍微打散

以約 3 杯未漂白中筋麵粉和 3 個大雞蛋做成的麵團（參考第 54 頁）

　　圓形小麵餃由包餡麵皮彎折後做成環狀小圓圈。據傳，這個形狀的靈感是從鑰匙孔偷窺到維納斯女神的肚臍而來。製作圓形小麵餃時，應購買整塊（不要切片）的義式生火腿與義式肉腸。可以用小牛肉或是將小牛肉與火雞肉混合，來代替至多一半量的豬肉，不過豬肉絕對不能完全省略，它是這種麵餃不可或缺的材料。做好的圓形小麵餃可冷凍保存，只要將麵餃放在盤子裡平鋪成一層，放入冷凍庫 45 分鐘至完全結凍後，再裝入夾鏈袋裡即可。冷凍的圓形小麵餃不需解凍，可直接放入沸水或清湯裡烹煮。清湯可以使用任何適合長時間熬煮的牛肉湯如牛腱、牛肋等。傳統上，製備清湯還會用到一隻閹雞，不過，可以用火雞或額外的牛肉代替閹雞。這道料理有點複雜，不過除了麵團以外，其他素材都可以事先準備好。

・將牛肉與閹雞放入大高湯鍋裡，加入大約能淹過肉 10 公分的足量清水，加熱至沸騰。撈除浮沫，加入西洋芹、胡蘿蔔、洋蔥、月桂葉、巴西里、大蒜與胡椒粒。待水再次沸騰，將爐火轉小，讓鍋內保持微滾，鍋蓋半掩，熬煮 3 小時。將熬好的高湯過濾到大碗內放涼，鍋內的肉可以保留於其他用途。放入冰箱冷藏至表面脂肪凝結，將大部分脂肪移除（保留約 1 小匙以維持風味）。將處理好的高湯放回冰箱冷藏備用。

・將奶油放入一只大平底鍋內，以中火加熱至融化。加入豬肉與鼠尾草，以中火煎到肉開始上色即轉小火，繼續煎到豬肉全熟，約需 15 分鐘。將鼠尾草挑掉。煎好的肉稍微放涼。

・在食物調理器內裝上金屬刀片或絞肉器，將豬肉、湯汁、義式生火腿與義式肉腸一起絞碎，然後加入乳酪與肉豆蔻。不要攪得過碎，需保留一點口感，用手抓起少許混合物的時候，應該可以捏成小球。以鹽和胡椒調味，拌入雞蛋，置於一旁放涼，或是放入冰箱冷藏至多 8 小時。

・將一份麵團擀成薄麵皮（參考第 54~55 頁），剩餘的麵團蓋好。將擀好的麵皮平鋪在工作檯面上，用餅乾模切出直徑 4~5 公分的圓形麵皮，切割時儘量靠緊、不留空隙。將切剩的麵皮集結起來重新擀成一片，或是切成方形小麵片搭配湯品使用，多餘的麵皮可放入夾鏈袋裡冷凍保存。

・將約 ¼ 小匙餡料放在一片圓形麵皮上,將麵皮對折成半圓形,然後將邊緣壓緊密封,若麵皮太乾不易黏合,可以在邊緣刷一點水。將半圓形底邊的兩端繞著食指彎成環狀,讓兩端稍微交疊,掐在一起捏緊。接續完成所有的麵餃。

・以一只大鍋盛高湯,加熱至沸騰。以鹽調味,品嚐以確認鹹度。每次放入幾個麵餃,待麵餃浮到湯面上約 1 分鐘以後(浮到水面的速度應該相當快,約在 3 分鐘以內,參考第 55 頁),用漏勺將麵餃撈出,放到湯碗裡。最後將高湯淋在煮好的麵餃上,立刻端上桌。

乾製麵食

PASTA SECCA

用清水和杜蘭小麥粉製作的乾製麵食，可以說是家庭料理的好幫手。乾製麵食可以存放好幾個月，價格相對低廉，是能帶來飽足感的好物。蛋麵在義大利中部與北部較為風行，以杜蘭小麥製作的乾製麵食則深植於坎帕尼亞地區，尤其是位於拿坡里外圍的格拉涅諾（Gragnano），該地區亦即乾製麵食現代化的發源地。在 Eataly 商場中，我們販賣格拉涅諾以銅製模具製作的乾製麵食。這種模具能夠製造出粗糙表面，有助於吸附醬汁；品質較差的乾製麵食是以鐵氟龍模具製作，這類模具做出來的麵食表面過於光滑。

在烹煮乾製麵食的時候，先煮沸一大鍋水，加入鹽（參考第 20 頁），待水重新沸騰後再下麵。麵一下去立刻攪拌，烹煮期間也應不時攪拌。如果是長麵條，例如長直麵，則在下麵以後稍微等一下，讓浸在水裡的部分軟化，然後再用木匙把剩餘部分壓入水中。不要為了把麵條一口氣塞進鍋中而把長直麵或其他長麵條折斷。如果手上有長柄叉，可用長柄叉來攪拌長麵條。在煮麵的時候，必須頻繁地攪拌。要將麵煮到彈牙，在包裝上建議的烹煮時間到達前 1~2 分鐘，就開始品嚐以測試熟度。

義大利人搭配乾製麵食與醬汁的方法

義式麵食的麵型有幾乎無窮無盡的變化；至今沒有人能夠準確統計出全部的種類，再者，同樣的麵型可能有好幾個不同的名稱。儘管如此，義式麵食還是可以大致分成長型和短型，或是杯狀與管狀。此外，麵型和醬汁的搭配並不是隨心所欲的；有些搭配就是不恰當。以下列表是選麵時該謹記的大原則：

類型	典型	搭配醬汁
細長型	長直麵（spaghetti）、吸管麵（bucatini）、寬扁麵（linguini）	以橄欖油為基底的醬汁，滑順的番茄醬汁，海鮮醬汁
杯狀	貝殼麵（conchiglie）	用豌豆或小塊肉或蔬菜做成的醬汁，醬汁會留在杯狀處，讓麵更加美味
短管狀	筆管麵（penne）、水管麵（rigationi）	以肉來烹煮的醬汁，如肉醬
複雜形狀	螺旋麵（fusilli）、車輪麵（rotelle）	鮮奶油底醬汁，用豌豆或小塊肉或蔬菜做成的醬汁

烏賊圈型麵（*calamari*）

細麵（*tajarin*）

針箍麵（*ditalini*）

棒針麵（*filei*）

寬扁麵（*linguini*）

維蘇威火山麵（*vesuvio*）

全麥家常卷麵（*casarecce integrali*）

如何判斷麵已經煮到彈牙

烹煮不同義式麵食的時間有很大的差異，應該要早一點且頻繁地品嚐。可以拿一塊出來試吃，不過下述的測試方法比較可靠。

1. 將正在烹煮的義式麵食拿一塊出來切成兩半。

2. 若中央仍然可以看到大塊白色粉狀區域，表示還沒煮熟。

3. 到達到彈牙程度時，中央的顏色應看起來稍淺，不過大部分區域看起來都會是同樣的顏色。

AFELTRA 艾菲特拉麵廠

朱塞佩·艾菲特拉麵廠（Pastificio Giuseppe Afeltra）位於坎帕尼亞地區的格拉涅諾，乾製麵食的發源地。自 1848 年起，艾菲特拉就開始在現址生產用杜蘭小麥粉製作的乾製麵食。這類麵食以銅製模具壓製，每一塊麵都稍微帶有粗糙表面。每一種麵形都有不同的乾燥時間，以做出最好的成果。乾燥的步驟絕對不能急，包裝前至多可能要兩天的時間才能適度乾燥。艾菲特拉麵廠生產了許多不同麵形的產品，不過最受歡迎者仍然是傳統麵形如細長的長直麵、波浪狀的螺旋麵、邊緣有波浪的緞帶麵（mafalde）、以及條紋水管麵。乾製麵食的材料是杜蘭小麥粉與當地的泉水。該麵廠也生產橄欖油、聖誕麵包（panettone）與具有 DOP 認證的紅酒。

維蘇威火山麵佐香腸肉醬與苦苣

VESUVIO AL RAGÙ DI SALSICCIA E SCAROLA

6 人份第一道主食　　　　　　　　　　　　　　　　　　坎帕尼亞 Campania

---

340 公克不辣的義式香腸
（salsiccia）

1 大匙紅酒

1 杯番茄糊

半杯雞高湯或牛高湯

3 杯切絲的苦苣

細海鹽，用量依喜好

粗海鹽，加入煮麵水用

454 公克維蘇威火山麵或其他短麵，
最好是形狀複雜者

3 大匙特級冷壓初榨橄欖油

磨碎的格拉納乳酪（參考第 104
頁），點綴用

維蘇威火山麵以拿坡里當地的活火山命名，是一種外型蜷曲的短麵，看起來像一坨糾結的毛線。每一塊麵都有許多角和裂縫，非常適合搭配有大塊肉的醬汁，如這道拿坡里式肉醬，而非第 56 頁用來搭配手切寬麵的波隆納肉醬。製作這道料理，必須選用沒有加入茴香籽或辣椒的義式香腸，否則會蓋過其他材料的風味。這種肉醬和波隆納肉醬一樣，要小火慢燉，不能煎炒上色。

・去除香腸的腸衣，弄碎後放入一只小碗內。淋上紅酒，然後用手按摩香腸肉，讓香腸肉吸收紅酒，直到肉變得又軟又有彈性，約需 2 分鐘。

・將香腸肉放入一只邊緣較高的冷平底鍋裡，以小火加熱，慢慢煮到表面變色，約需 2 分鐘。小心不要把肉煎到焦黃。

・加入番茄糊並攪拌均勻。將火轉大，直到番茄糊達到微滾。

・加入高湯，攪拌一次，然後調降爐火，保持極微滾、偶爾才有泡泡浮上表面的程度。開蓋熬煮 2 小時，過程中不要攪拌。肉應該在醬汁中水波煮，才會非常柔軟。

・醬汁煮好以後，小心將浮在表面的液體舀出來丟掉。拌入苦苣絲，烹煮到菜葉萎軟，約需 2 分鐘。依喜好以細海鹽調味後離火。

・煮沸一大鍋清水，加入粗海鹽（參考第 20 頁），下麵。將麵煮到彈牙（參考第 74 頁）。

・在溫過的大碗底部抹少量醬汁。

・麵煮好後，放入濾鍋裡瀝乾，然後立刻移入大碗內。淋上剩餘的醬汁並用力翻拌均勻。淋上橄欖油，再次翻拌，便可和磨碎的乳酪一起端上桌。

大水管麵佐海鮮醬

PACCHERI CON SUGO DI MARE

4 人份第一道主食　　　　　　　　　　　　　　　　坎帕尼亞 Campania

3 杯特級冷壓初榨橄欖油，另外準備額外份量澆淋用

1 個檸檬的檸檬皮，切成寬長條

227 公克新鮮鮪魚肚

細海鹽，用量依喜好

現磨黑胡椒，用量依喜好

20 隻中型蝦，去殼去腸泥

20 個貽貝

半杯不甜白酒

粗海鹽，加入煮麵水用

454 公克大水管麵（paccheri）

1 瓣大蒜

一撮乾辣椒末

半杯番茄糊

2 大匙新鮮扁葉巴西里末

大水管麵是一款寬管狀的義式麵食，有很多空間可以吸附美味可口的海鮮醬汁，有時它也會被當作麵卷來填餡。

・取一只小單柄鍋，放入橄欖油與檸檬皮。以小火加熱，用溫度計測溫，待油溫到達 55°C。用細海鹽和胡椒替鮪魚調味，然後將鮪魚放入鍋中，煎到三分熟，約需 7 分鐘。取出鮪魚，一旁備用。過濾橄欖油，把檸檬皮丟掉，將用過的油保留下來。最後剩下來的油也可以用來製作其他料理。

・將蝦子切成 0.6 公分小塊。把煎過的鮪魚切成薄片。

・將貽貝放入一只中型鍋裡，以中火加熱。加入白酒，蓋上密合的鍋蓋。待貽貝打開便取出。用咖啡濾紙或紗布過濾鍋內湯汁，一旁備用。取出貽貝肉，放回過濾好的湯汁裡。

・煮沸一大鍋清水。待水沸騰後加入粗海鹽（參考第 20 頁），下麵。將麵煮到彈牙（參考第 74 頁）。

・取一只大平底鍋，取約 3 大匙煮鮪魚用的橄欖油加熱。大蒜拍扁剝皮，和辣椒末一起放入鍋中，翻炒至大蒜變金黃色，便可將大蒜挑掉。加入番茄糊，烹煮到稍微收稠，約需 5 分鐘。加入蝦肉，翻拌至熟，約需 1 分鐘。最後加入切片的鮪魚。

・麵煮好後，放入濾鍋內瀝乾，然後立刻放入大平底鍋裡，翻拌幾次，再加入貽貝和湯汁。以中火大力翻拌，直到麵和海鮮混合均勻，約需 1 分鐘。淋上大量橄欖油，撒上扁葉巴西里後立刻端上桌。

粗直麵佐乳酪胡椒醬

SPAGHETTONI CACIO E PEPE

6 人份第一道主食   拉吉歐 Lazio

2 大匙無鹽奶油

2 大匙整粒黑胡椒，或是依喜好增加
用量

粗海鹽，加入煮麵水用

454 公克粗直麵

1½ 杯現磨羅馬羊乳酪，可依喜好增
加用量

這道麵的材料簡單，卻一點也不寒酸或過時。它用了大量的粗磨黑胡椒和磨碎的乳酪，若料理得當，絕對是讓人難以忘懷的料理。

・煮沸一大鍋清水。

・將奶油放入大單柄鍋內，用中火加熱。大略將胡椒粒磨碎，加入奶油裡。

・將一只大碗溫過。最簡單的作法是將少許煮麵水加入碗中，搖晃碗身後把水倒掉。

・待水沸騰後加入粗海鹽（參考第 20 頁），下麵。將麵煮到彈牙（參考第 74 頁）。

・迅速用夾子把麵夾出來，稍微瀝乾後放入單柄鍋內。將麵和醬汁攪拌至均勻混合。

・鍋子離火，立刻將 1 杯磨碎的乳酪撒上去，迅速翻拌。一邊翻攪，一邊將 1 大匙煮麵水淋在麵上，維持麵的溼度，也幫助醬汁均勻沾附。品嚐並依喜好加入更多黑胡椒與／或乳酪。

・趁麵還很燙的時候立刻端上桌。

SALUMI E FORMAGGI

醃肉與乳酪

講究食材品質的同時，
就等於支持生產優質產品的農夫、
漁民、肉販、烘焙師與乳酪師傅，
藉此創造出更美好的飲食水平，
進而促成更正向成長的大環境。

醃肉

SALUMI

醃肉是義大利帶給世界最棒的禮物。無論是用豬肉或牛肉製作、鹽醃或風乾,薄切成片的義式醃肉單吃美味,更可為料理帶來無可取代的鮮味,讓人難以抗拒。

義大利各地區的醃肉

地區	類型	特色
弗留利-威尼斯西亞朱利亞、艾米利亞-羅馬涅	義式生火腿	鹽醃豬腿肉,通常切成薄片,呈深粉紅色,周圍有著一圈白色脂肪。味道較甜的帕爾馬生火腿(prosciutto di Parma)和稍帶點野味的聖丹尼耶勒生火腿(prosciutto di San Daniele)都是受到嚴格規範的 DOP 認證產品。
維內托、奧斯塔谷	醃豬脂(lardo)	用胡椒、大蒜和香草加以調味,然後經過鹽醃陳放處理的豬脂肪。儘管經過鹽醃處理,醃豬脂稍微帶有一股甜味。
特倫提諾-上阿迪杰	義式煙燻火腿(speck)	先將豬腿瘦肉鹽醃並以杜松子、月桂葉和迷迭香調味,然後風乾、煙燻並稍微陳放。義式煙燻火腿的味道強勁——只要一點就能讓人回味無窮。
倫巴底	米蘭薩拉米(salame Milano)	紋理細緻的磚紅色牛肉薩拉米,切開時可以看到細微如米粒的白色斑點均勻分布。
倫巴底、特倫提諾-上阿迪杰	義式風乾牛肉(bresaola)	深紅色的風乾牛肉,切成薄片享用。
利古里亞、托斯卡尼、普利亞、巴西利卡塔、卡拉布里亞	壓製薩拉米(又叫豬頭薩拉米)(soppressata,testa in cassetta)	經過乾燥的豬肉薩拉米,製作時會使用到豬頭的所有部分,由於只會大略切碎食材的緣故,斷面看起來很像馬賽克;南義的產品可能帶有辣味。
托斯卡尼	義式茴香風乾臘腸(finocchiona)	製作時加入茴香籽,以豬五花和肩胛肉做成。
艾米利亞-羅馬涅、翁布里亞、馬爾凱、卡拉布里亞	豬頸肉薩拉米(coppa,capocollo)	利用特定部位的豬頸肉做成的薩拉米;切片時可以看到因為製作時加入豬舌和耳朵軟骨而形成白色網狀紋理。來自皮亞琴察 DOP 認證的產品尤為珍品。卡拉布里亞地區的帶有辣味,翁布里亞地區會添加檸檬皮,而馬爾凱地區則會加入少量肉桂粉。
艾米利亞-羅馬涅	庫拉泰勒火腿(Culatello di Zibello)	根據 DOP 認證的標準,這種醃肉在製作時應取豬後腿的大塊肌肉,塞進豬膀胱後放入特製酒窖陳放。和義式生火腿很類似,不過口感較乾。
艾米利亞-羅馬涅	義式熟火腿(prosciutto cotto)	煮熟的豬後腿肉,有細緻的風味與溼潤的質地。
艾米利亞-羅馬涅	義式肉腸	波隆納一帶特產,呈玫瑰粉紅色,製作時使用豬瘦肉絞肉與切成丁的脂肪,有時也會加入開心果。所有材料填入腸衣內,斷面有鵝卵石狀的紋路;在有時也被稱作波隆納火腿(bologna)。
拉吉歐	醃豬頰肉(guanciale)	醃製的豬頰肉,類似未經過煙燻處理的培根。
義大利全區	義式培根(pancetta)	醃製的五花肉,直譯為「小肚子」。起源可回溯到古羅馬時期;可以是長方形板狀或圓筒狀。

義式煙燻火腿（*speck*）

義式生火腿
（*prosciutto crudo*）

義式茴香
風乾臘腸
（*finocchiona*）

醃豬脂（*lardo*）

義式肉腸（*mortadella*）

義式風乾牛肉
（*bresaola*）

醃豬頰肉（*guanciale*）

義式茴香
風乾細絞臘腸
（*fino finocchiona*）

庫拉泰勒火腿
（*Culatello di Zibello*）

野豬獵人小薩拉米
（*cacciatorini di cinghiale*）

豬頸肉薩拉米
（*capocollo*）

怎麼搭配義式綜合開胃拼盤

一盤美味的義式綜合開胃拼盤,可以讓食客的胃口大開,也能使接下來的料理更顯美妙。

1. 選擇一或兩種切成薄片的醃肉,每人約 57 公克應已足夠。不過,如果你端上義式生火腿,那就很難說了。根據我們的經驗,無論端出多少義式生火腿,都會被食客掃光。

2. 選擇一種軟質乳酪和一種硬質乳酪,每人約 57~85 公克。端上時應在乳酪旁邊放上乳酪刀,並且切幾小塊下來,暗示客人可自行切割享用。

3. 選擇一種醃漬蔬菜如橄欖、半乾番茄、茄子等。將選用的醃漬蔬菜排放在一只以上的小皿內。

4. 挑一款麵包,將麵包切成薄片。

義式生火腿佐哈蜜瓜

PROSCIUTTO E MELONE

6 人份開胃菜

1 顆成熟的哈蜜瓜

227 公克切成薄片的義式生火腿，最好選用帕爾馬生火腿

現磨黑胡椒，用量依喜好

這道經典料理神奇的不得了。無需動火，只需要準備三種材料，而且所有人都喜歡它。這道料理最困難的地方，在於找到成熟美味的哈蜜瓜。

· 哈蜜瓜縱切成兩半，把籽挖出來丟掉。將哈蜜瓜切成四分之一，削皮，再去掉綠色的部分。繼續將哈蜜瓜切成厚度約 1 公分的新月形。

· 將切好的哈蜜瓜片排放在大餐盤上平鋪成一層，然後把義式生火腿放上去鋪第二層。依喜好以胡椒調味。生火腿本身已經夠鹹，不需要加鹽。

· 常溫上桌。

變化版

幾乎可以用任何季節性水果代替哈蜜瓜，因為生火腿的鹹度和各種不同的香甜水果都可以形成美妙的搭配。試著用其他甜瓜、對半切或切成四半的無花果（尤其適合搭配聖丹尼耶勒生火腿）、切成半月形的鳳梨、去籽並切成四半的杏桃、去皮去核後切成八片的西洋梨、或是去籽去皮切片的白桃或黃桃等來代替哈蜜瓜。

帕爾馬生火腿與聖丹尼耶勒生火腿

帕爾馬生火腿由設立於 1963 年的聯合會提供認證，是義大利最著名也最美味的特產。至少在西元前 100 年左右，乾醃豬後腿肉就已經存在於艾米利亞－羅馬涅地區的帕爾馬一帶。只有產於恩扎河（Enza）和斯蒂羅內河（Stirone）之間特定地理區域的義式生火腿，才能夠稱為帕爾馬生火腿，並且有資格印上聯合會的皇冠標章。帕爾馬生火腿使用的是特殊品種的大白豬（large white）、藍瑞斯豬（Landrace）與杜洛克豬（Duroc），這些豬隻以特製飼料飼養，飼料中會摻入製作帕馬森乳酪時產生的乳清。製作時取豬後腿肉，以海鹽醃製，海鹽用量只足以將肉保存下來，不至於蓋掉豬肉本身的天然甜味。在醃製過程中，一隻生火腿會因為水分流失，少掉超過四分之一的重量。這種滋味細膩美妙、享有 DOP 認證的義式生火腿，製作時只會用到豬肉和海鹽。

聖丹尼耶勒生火腿產於弗留利－威尼西亞朱利亞地區，也是一種享有 DOP 認證的義式生火腿，也有自己的聯合會與標章（一隻中央有「SD」字母的豬後腿）。這種義式生火腿比帕爾馬生火腿鮮甜，而且尺寸通常比較大。切成薄片的聖丹尼耶勒生火腿非常柔軟，幾乎入口即化。聖丹尼耶勒生火腿產於塔利亞門托河（Tagliamento）河岸，這條河流源自阿爾卑斯山山脈。產區享有獨特氣候條件，同時有來自山區與亞得里亞海的風吹撫（聖丹尼耶勒距離亞得里亞海只有三十多公里），形成醃製肉品的理想溼度。這種生火腿的自然乾燥過程是循序漸進且受到控制的，至少要達十三個月。熟成時間愈長，生火腿的風味更醇厚。聖丹尼耶勒生火腿和帕爾馬生火腿一樣，只用豬肉和海鹽來製作。

小牛肉排佐鼠尾草生火腿

SALTIMBOCCA ALLA ROMANA

6 人份主菜　　　　　　　　　　　　　　　　　　拉吉歐 Lazio

6 塊小牛肉片（每塊約 113 公克）

細海鹽，用量依喜好

現磨黑胡椒，用量依喜好

6 片切成薄片的義式生火腿

12 片新鮮鼠尾草葉，另外準備一些裝飾用

未漂白的中筋麵粉，沾裹用

2 大匙特級冷壓初榨橄欖油

4 大匙無鹽奶油

半杯白酒

　　這道料理讓人無法抗拒，不妨多做一點，尤其是家裡有客人的時候。這道料理的義大利名稱「saltimbocca」，直譯就是「跳進你的嘴巴」。

・將小牛肉片敲成約 0.3 公分厚，以鹽和胡椒調味，生火腿本身已經有鹹味，調味時需特別小心。在每一塊小牛肉的上面都放上一塊生火腿，然後放上兩片鼠尾草葉，分別用牙籤固定。組合好後，在表面撒上一點麵粉，一旁備用。

・取一只大平底鍋，放入橄欖油與 2 大匙奶油，以中火加熱。將小牛肉片放入鍋中，有生火腿的那一面朝下，讓所有肉片平鋪成一層，如果放不下就分批煎。煎到表面上色酥脆，約需 1 分鐘。翻面繼續煎。煎好後移到大餐盤裡保溫。

・將白酒加入鍋中，將鍋底的肉渣刮下來。一邊烹煮一邊攪拌，直到混合物變稠成醬汁的質地，約需 1~2 分鐘。將剩餘的 2 大匙奶油放入一只小平底鍋裡加熱至融化，迅速將用來裝飾的鼠尾草葉炸到酥脆。

・移除牙籤，淋上醬汁，以炸鼠尾草葉裝飾，立刻端上桌。

義式風乾牛肉佐芝麻菜沙拉

BRESAOLA E RUCOLA

4 人份開胃菜或輕食主菜　　　　　　　　　　　　倫巴底 Lombardia

113 公克切成薄片的義式風乾牛肉

1 個檸檬

4 杯鬆散末壓緊的芝麻菜

2 大匙特級冷壓初榨橄欖油

細海鹽，用量依喜好

現磨黑胡椒，用量依喜好

57 公克帕馬森乳酪或格拉納帕達諾乳酪

　　雖然義式風乾牛肉原產於倫巴底地區，這種爽口的義式風乾牛肉沙拉卻傳遍整個義大利，成為一道常見的料理。可試著搭配來自倫巴底地區瓦泰林納（Valtellina）一帶口感較輕盈的紅酒。

· 將義式風乾牛肉放在一只大餐盤或四只個別的沙拉盤上擺好。

· 磨下少許檸檬皮，然後將檸檬切半榨汁過濾。

· 將芝麻菜的硬莖摘除，然後放在一只大碗內。混合檸檬汁、檸檬皮和橄欖油，以鹽和胡椒調味，再以打蛋器攪打均勻。將橄欖油醬汁淋在芝麻菜上並且拌勻。品嚐後調整調味料用量。

· 將芝麻菜堆在每一盤風乾牛肉的中間。

· 用削皮器將乳酪直接削成薄片，放在芝麻菜上。立刻端上桌。

螺旋麵佐義式煙燻火腿菊苣醬

FUSILLI CON SPECK E RADICCHIO

4 人份第一道主食 　　　　　　　　　　　特倫提諾－上阿迪杰 Trentino-Alto Adige

1 小株菊苣

57 公克義式煙燻火腿

1 個珠蔥（scalogno）

1 大匙特級冷壓初榨橄欖油

細海鹽，用量依喜好

¾ 杯鮮奶油

粗海鹽，加入煮麵水用

454 公克螺旋麵

現磨黑胡椒，用量依喜好

　　請選購一整片的義式煙燻火腿，再自行切成小丁。菊苣在烹煮時苦味會減少，稍微轉甜，這種甜味和煙燻火腿的煙燻味非常搭。臨時有客人上門的時候，這是一道可以立即端上桌的料理。它也適合搭配蛋麵（參考第 54 頁）或新鮮的手捲筆管蛋麵（garganelli），更有飽足感。也可依喜好，將磨碎的格拉納乳酪（參考第 104 頁）一起端上。所有品種的菊苣都適用。

・煮沸一大鍋清水。

・菊苣切絲，煙燻火腿切成 0.6 公分小丁，珠蔥切末。

・取一只足以容納所有螺旋麵的平底鍋，在鍋內放入橄欖油，以中火加熱。珠蔥與火腿一起下鍋，頻繁翻炒，直到珠蔥轉透明，約需 3 分鐘。

・放入菊苣絲，和其他材料拌勻。稍微以細海鹽調味。煙燻火腿本身帶有鹹味，調味時請留意。轉成小火，蓋上鍋蓋悶煮至菊苣完全萎軟且變成深紫色，約需 7 分鐘。如果菊苣在煮熟前就開始黏鍋，則加入 1~2 大匙清水。加入鮮奶油，煮到醬汁稍微變稠且沾附在菊苣上，約需 3 分鐘。

・準備醬汁的同時，待大鍋裡清水沸騰，便可加入粗海鹽（參考第 20 頁），下螺旋麵。煮麵期間應以木匙不時攪拌，將麵煮到彈牙（煮麵技巧可參考第 74 頁）。

・麵煮到彈牙後，撈出來放到濾鍋裡瀝乾，再放進平底鍋內的醬汁裡。以中火翻拌至螺旋麵完全沾附醬汁。以大量新鮮黑胡椒調味，立刻端上桌。

冬季時蔬佐義式培根與雞蛋

VERDURE INVERNALI CON PANCETTA E UOVA

4 人份開胃菜或配菜

57 公克的整塊義式培根

¾ 杯加 1 大匙特級冷壓初榨橄欖油

1 個大檸檬的檸檬汁（約 ¼ 杯）

2 大匙刺槐蜜

細海鹽，用量依喜好

現磨黑胡椒，用量依喜好

6 杯冬季時蔬，如菊苣、苦苣、闊葉苦苣、苦苣和菠菜

4 片鄉村麵包

4 個大雞蛋

冬季蔬菜很美味，不過口感通常比鮮嫩的春季蔬菜更加堅韌。這是一款適合冬天享用的沙拉，利用水波蛋的熱度讓冬季蔬菜稍微變軟，非常美味。上桌時，請鼓勵客人用力翻拌沙拉，成果絕對令人滿意。

·將義式培根切成長條狀。在一只盤子裡鋪上紙巾。

·取一只平底鍋，以中大火加熱。待鍋子熱了以後，加入 1 大匙橄欖油，然後放入義式培根平鋪成一層，偶爾翻拌。注意不要讓培根重疊，煎到培根變脆，約需 4 分鐘。培根煎好後，用漏勺撈出，放到鋪了紙巾的盤子裡。保留平底鍋內的油脂。

·將檸檬汁和蜂蜜放入小碗內，以打蛋器打勻，並用鹽和胡椒調味。一邊持續攪打，一邊慢慢將 ¾ 杯橄欖油加進去。品嚐並調整調味料用量，依喜好加入更多蜂蜜與／或鹽。

·將蔬菜放入大碗內，以鹽和胡椒調味，翻拌蔬菜。鹽會讓蔬菜稍微脫水。淋上準備好的油醋醬（可能不會全部用完）。將拌好的蔬菜分別盛入四只餐盤裡。

·烤麵包。若是鍋內的培根油脂已經冷卻，則重新加熱，然後將油脂刷在烤好的麵包片上。在每一盤沙拉放上一片麵包。

·煮水波蛋，於單柄鍋內注入 10 公分高的清水，以大火煮沸。將一個雞蛋打入一只小碗內。將火調小，讓水保持小滾。以逆時針方向攪動清水，製造漩渦，然後緩緩把雞蛋倒入漩渦中央，蛋白應該會把蛋黃包起來。以同樣的方式煮好所有的蛋。煮到蛋白凝固約需 4 分鐘。用漏勺把水波蛋舀出來，在單柄鍋上停頓幾秒，待水分稍微瀝乾，然後輕輕放在麵包片上。以同樣方式處理剩餘的水波蛋。

·以鹽和胡椒替水波蛋調味。將義式培根分成四份，分別撒到每一只餐盤裡，立刻端上桌。

乳酪

FORMAGGI

義大利乳酪可以分成許多不同的類別，而且每一類別又形色各異。舉例來說，光
是羅比奧拉乳酪就有數百種不一樣的類型。下面舉例說明義大利乳酪的主要類別。

義大利各地區的熟成乳酪

地區	類型	特色
奧斯塔谷	風提那乳酪 （fontina）	質地滑膩的半硬質牛乳酪，帶蘑菇味；乳酪鍋（第107頁）的要角。
皮埃蒙特	羅比奧拉乳酪 （robiola）	以牛奶、山羊奶、綿羊奶或結合上述製作而成的軟質乳酪；氣味強勁，適於塗抹。
倫巴底	哥岡卓拉 藍紋乳酪 （Gorgonzola）	味嗆的藍紋乳酪，來自鄰近米蘭的哥岡卓拉，這種有DOP認證的乳酪的起源可以回溯至西元九世紀。藍紋乳酪通常可以分成甜味與辛香兩大類。
倫巴底	塔雷吉歐乳酪 （Taleggio）	以位於義大利與瑞士邊境的山谷命名，這種牛乳酪為方形，邊緣通常呈橘色。
維內托	阿希亞格乳酪 （Asiago）	淺黃色、質地扎實卻也柔軟的DOP認證產品，這種牛乳酪通常會經過3~8個月的熟成；阿希亞格乳酪來自維琴察省內的同名城鎮。
維內托	皮亞韋乳酪 （Piave）	產區為皮亞韋河沿岸，通常製作成大型輪狀再加以陳放；陳年皮亞韋乳酪（Piave vecchio）和超陳年皮亞韋乳酪（Piave stravecchio）質地細密且帶顆粒感。
維內托	醉酒乳酪 （ubriaco）	義大利文「ubriaco」意指「喝醉酒」，這種牛乳酪來自特雷維索省（Treviso），製作時用紅酒洗過，因此有著獨特的風味與深紫色的邊緣。
托斯卡尼、馬爾凱、阿布魯佐、薩丁尼亞島	羊乳酪 （pecorino）	泛指以綿羊奶製作的乳酪，義大利文「pecora」是「綿羊」之意。質地變化多端，從半軟質乳酪到很難磨碎的硬質陳年乳酪都有。
普利亞	燈心草籃乳酪 （canestrato）	稻草黃色、味道相當強勁的綿羊乳酪，通常放在燈心草籃裡熟成，義大利文「canestrato」意指「放在籃子裡」。
巴西利卡塔、卡拉布里亞、坎帕尼亞、莫里塞、普利亞	馬背乳酪 （caciocavallo）	來自亞平寧山脈（Appennino）南部的紡絲型乳酪（pasta filata）；狀似水球，兩兩以繩索綁起，垂掛起來熟成（或是掛在驢背或馬背上運輸，如名所示）。
坎帕尼亞、普利亞	斯卡莫札乳酪 （scamorza）	以牛奶製作的紡絲型乳酪（在坎帕尼亞地區也會用水牛奶製作）；通常經過煙燻處理，因此外緣帶棕色。

風提那乳酪
（ *fontina* ）

鹹味瑞可達乳酪（ *ricotta salata* ）

陳年阿希亞格乳酪
（ *asiago stagionato* ）

朗佐藍紋乳酪
（ *blue Lanzo* ）

埃納皮亞琴提努番紅花羊乳酪（ *piacentinu di Enna* ）

黃金羅比奧拉乳酪
（ *robiola oro* ）

羅比奧拉羊乳酪
（ *robiola di capra* ）

生奶塔雷吉歐乳酪
（ *Taleggio crudo* ）

布拉塔乳酪（*burrata*）

山羊乳酪（*caprino*）

瑞可達乳酪（*ricotta*）

一口莫札瑞拉乳酪（*bocconcini*）

馬斯卡彭乳酪（*mascarpone*）

莫札瑞拉乳酪
（*mozzarella*）

義大利各地區的新鮮乳酪

地區	類別	特色
倫巴底	馬斯卡彭乳酪	雙倍奶油或三倍奶油的牛乳酪，味道溫和，質地可塗抹，有時被認為和乳脂乳酪（cream cheese）很像；桶裝販售，是提拉米蘇的主要材料（第 291 頁）。
倫巴底	史特拉基諾乳酪（stracchino）	帶酸味的可塗抹乳酪，呈白色，未經熟成。
普利亞	布拉塔乳酪	滋味豐富的液體鮮奶油以可食用的乳酪包裹起來，來自普利亞地區中部的慕爾傑（Murge）。
坎帕尼亞	水牛莫札瑞拉乳酪（mozzarella di bufala）	質地特別滑膩的莫札瑞拉乳酪，有 DOP 認證，以水牛奶製作，必須趁新鮮食用。

品質標誌

販賣乳酪和醃肉的人，都很樂意提供建議與試吃，那就是他們的工作項目之一！購買時，請大方提問。

Eataly 商場提供將乳酪磨碎的服務，不過，當然歡迎買一整塊回家，等到要使用前再磨碎。

瑞可達麵卷佐茄香番茄醬

CANNELLONI ALLA RICOTTA CON MELANZANE E POMODORI

6~8 人份第一道主食　　　　　　　　　　　　　　　　皮埃蒙特 Piemonte

454 公克李子番茄（plum tomato）

1 大匙特級冷壓初榨橄欖油

現磨黑胡椒，用量依喜好

2 枝新鮮百里香

4 個中型茄子（總重約 2.7 公斤）

0.5 小匙乾辣椒末

1 罐（454 公克）整顆去皮番茄

1 大匙紅酒醋

2 杯未壓緊的新鮮甜羅勒葉

1¼ 杯磨碎的格拉納乳酪（參考第 104 頁）

粗海鹽，加入煮麵水用

約 36 片邊長 10 公分的正方形蛋麵麵片，約以 3 杯未漂白中筋麵粉與 3 個大雞蛋做成（參考第 54 頁）

3 杯瑞可達乳酪，若含水量高可用放在鋪了紗布的篩子裡瀝乾

現磨白胡椒，用量依喜好

1 個大雞蛋，打散

用於義式麵卷的瑞可達乳酪要比較乾，焗烤時才不會有多餘的液體滴漏到烤盤裡。若是手工製作的瑞可達乳酪（第 99頁），應瀝乾到質地相當扎實的程度。

· 烤箱預熱 200°C。取兩只大型烤盤，鋪上鋁箔紙，一旁備用。

· 將李子番茄縱切成兩半，加入橄欖油拌勻，再用鹽和黑胡椒調味。將百里香放在鋪了鋁箔紙的其中一只烤盤上，然後將番茄放進去，切面朝下。將整顆茄子放在第二只烤盤裡。放入烤箱，烘烤到番茄皮顏色變深並膨脹，茄子皮顏色變深且能輕易撕掉，而且茄子肉完全變軟，約需 15 分鐘（番茄和茄子烤好的時間可能不一樣）。烤好的番茄和茄子稍微放涼後，茄子去皮去籽，然後將番茄和茄子大略切塊。將烤箱溫度調高到 220°C。

· 將烤好的番茄、茄子與乾辣椒末放入一只大單柄鍋內。罐裝番茄拿出來瀝乾，用手捏碎（參考第 31 頁）放入鍋中。以中火煮 5 分鐘，然後加入紅酒醋，並依喜好酌量加入鹽。繼續燉煮到食材味道融合，約需再煮 5 分鐘。甜羅勒葉撕碎放入，拌入 2 大匙磨碎的格拉納乳酪。

· 同時，煮沸一大鍋清水。將一塊乾淨的平織擦碗巾鋪在工作檯面上，旁邊放一盆冰水。待水沸騰，加入粗海鹽（參考第 20頁），放入四片麵片。煮至麵片浮上水面，約需 30 秒，以漏勺撈出後迅速浸入冷水中，然後放在擦碗巾上平鋪成一層。以同樣的方式處理剩餘的麵片。將煮好的麵片輕輕拍乾。

· 將瑞可達乳酪與 1 杯磨碎的格拉納乳酪放入碗中混合均勻。依喜好以鹽和白胡椒調味。拌入雞蛋。

· 在一只大烤盤的底部鋪上約 ¾ 杯的茄香番茄醬。

· 將約 ⅓ 杯混合乳酪沿著麵片的其中一邊鋪放，留下約 1 公分的寬度不放。將麵片捲起來做成長管狀，一邊捲一邊壓勻，注意不要捲太緊，以免把餡料擠出來。將捲好的麵卷放在準備

好的烤盤裡，接合處朝下，並以同樣的方式處理所有麵片和餡料，最後可能會有剩。把做好的麵卷並排放好，將剩餘的茄香番茄醬淋在麵卷上，並在表面撒上 2 大匙格拉納乳酪。放入烤箱焗烤，直到麵卷上色、醬汁沸騰，約需 25 分鐘。從烤箱取出，靜置 5 分鐘後再上桌。

如何製作瑞可達乳酪

嚴格說來，瑞可達乳酪並不是乳酪，而是乳酪製作過程的副產品。以牛奶為原料的瑞可達乳酪（而非量產乳酪所使用的乳清）很容易在家自行製作。可依喜好省略鮮奶油，只用牛奶來製作。不要使用脫脂牛奶，否則做出來的瑞可達乳酪會顆粒太大且太水。3.8 公升牛奶約可做出 4 杯瑞可達乳酪。

1. 將一只大鍋用冷水洗淨降溫，避免接觸面溫度過高。將 3.8 公升全脂或減脂牛奶，或兩種混合，與 ¾~1 杯鮮奶油一起放入鍋中。

2. 加熱到 85~90°C 之間，如果手上沒有溫度計，則注意不要讓液體沸騰，只要加熱到微滾而非大滾即可。

3. 溫度到達後，鍋子離火，拌入 ⅓ 杯蘋果醋與 1 大匙細海鹽。持續攪拌 1 分鐘，然後靜置冷卻 10 分鐘。降溫過程中不要觸碰鍋子，也不要蓋上鍋蓋。凝乳會在這個階段形成。

4. 取一只細目篩，在裡面鋪上溼紗布，架在一只碗上。用漏勺將凝乳小心移到篩中，不要用倒的，否則會破壞凝乳，也可能讓碗內的液體滿出來。放入冰箱冷藏至乳酪瀝乾至想要的質地，柔滑凝乳狀的瑞可達乳酪約需 30 分鐘，若要更乾一點則需 2~3 小時。立刻將做好的乳酪端上桌，或是放入有蓋容器中冷藏保存，至多可以保存 5 天。

番茄與莫札瑞拉乳酪沙拉

POMODORO E MOZZARELLA

4 人份開胃菜，或 2 人份輕食主菜　　　　　　　　　　　　坎帕尼亞 Campania

1 球莫札瑞拉乳酪（重量約 454 公克）

2 個成熟的大番茄

3 大匙特級冷壓初榨橄欖油

現磨黑胡椒，用量依喜好

細海鹽，用量依喜好

半杯未壓緊的新鮮甜羅勒

Eataly 的自製莫札瑞拉乳酪非常美味，應該搭配其他好食材，例如這則沙拉食譜裡的熟番茄。其他的美味吃法還有搭配現切生火腿，或是和鄉村麵包（第 119 頁）一起作成美味的義式三明治，或是單純地享用也很美妙。

· 將莫札瑞拉乳酪切成厚度 0.6 公分片狀，並將番茄也切成同樣厚度。

· 將番茄和莫札瑞拉乳酪稍微交疊地交替擺放在大餐盤上。

· 淋上橄欖油，以鹽和胡椒調味。將新鮮甜羅勒葉放上去，若甜羅勒的葉片較大，可以撕成小片使用。完成後，千萬不要放入冰箱冷藏，直接常溫上桌。

如何製作莫札瑞拉乳酪

Eataly 每天都會製作新鮮的莫札瑞拉乳酪。

1. 利用本地產的牛奶來製作。Eataly 的新鮮莫札瑞拉乳酪，每天以本地產的全脂牛奶製作而成。駐場的乳酪師傅每天從早上十點開始，替 Eataly 的餐廳和顧客製作當天的莫札瑞拉乳酪。

2. 分離凝乳。新鮮凝乳會被壓過一種狀似吉他的工具，將固形物分開來。

3. 加熱水。非常熱的鹽水加入凝乳，替乳酪加溫。

4. 將凝乳拉長。攪拌混合物並用手拉長，確保混合物均勻地融化，沒有留下小塊凝乳。

5. 新鮮的莫札瑞拉乳酪做好了！分成小塊，送到當日有供應新鮮莫札瑞拉乳酪的 Eataly 附設餐廳。剩餘的新鮮乳酪則放在乳酪工坊旁展示販售。

Eataly 向最優秀的乳酪師傅取經：我們到位於普利亞地區安德里亞的歐蘭達乳酪工坊（Caseificio Olanda），學習製作新鮮牛奶莫札瑞拉乳酪的藝術。店裡的乳酪專區遵循這間工坊的作法，完全以本地產牛奶，製作出血統純正的義大利莫札瑞拉乳酪。

酥脆乳酪餅

FRICO FRIABILE

約 16 塊酥脆乳酪餅，8 人份開胃菜　　　　　弗留利－威尼西亞朱利亞 Friuli-Venezia Giulia

1 杯磨碎的蒙塔西歐乳酪
（montasio）

　　這款酥脆乳酪餅只用了一種材料，那就是蒙塔西歐乳酪。無論是新鮮的、半熟成的或是熟成的蒙塔西歐乳酪，都可以用來製作這款點心。這款乳酪餅在溫熱時帶有彈性，放涼以後就會變脆。想要更講究些，可以趁溫熱將乳酪餅塑成管狀、小杯狀或籃子狀，放涼後就會定形。可用各種香草、切碎的義式培根，或義式火腿來替乳酪餅調味。酥脆乳酪餅的製作，可說是將一種樸實材料轉化為特殊風味料理的過程。

．將烤盤或鐵製平底鍋加熱，若只有一般平底鍋，就在鍋內倒入薄薄一層橄欖油。將約 1 大匙磨碎的蒙塔西歐乳酪撒上去做成圓形。

．將乳酪烘至酥脆且轉金黃色，然後翻面繼續烘，約需 5 分鐘。接續處理完所有的乳酪。

鑲櫛瓜花

FIORI DI ZUCCHINA RIPIENI

6 人份開胃菜   拉吉歐 Lazio

12 朵櫛瓜花

1 杯新鮮的瑞可達乳酪，以水牛奶或
牛奶製作皆可（參考「重點筆記」）

1 個大雞蛋

2 根青蔥，切薄片

1 條鯷魚柳，洗淨後切碎

¼ 小匙現磨肉豆蔻

細海鹽，用量依喜好

現磨黑胡椒，用量依喜好

1 杯粘米粉（rice flour）

¾ 杯冰涼的氣泡水

半杯特級冷壓初榨橄欖油

橘色的櫛瓜花是非常賞心悅目的初夏美食。雄花長在莖上，比長在櫛瓜末端的雌花稍大，也比較容易處理。雄花和雌花都有細緻的草味，可以鑲餡後油炸，或是直接生食。櫛瓜花是義式烘蛋的美麗裝飾，也能替沙拉帶來更豐富的色彩。櫛瓜花很快就會枯萎，一定要在購買當日使用，假使有幸自行種植，則應在摘採當日使用。清理櫛瓜花時，迅速檢查裡面是否有昆蟲等雜質，有的話應輕輕用溼紙巾刷掉，因為櫛瓜花太脆弱，無法用清水沖洗。

· 處理櫛瓜花時，先輕輕將花瓣撥開，把中央毛絨絨的花蕊摘下來丟掉。花蕊雖然也是可食用的，但是有苦味。

· 取一只中型碗，將瑞可達乳酪、雞蛋、青蔥、鯷魚末、肉豆蔻、鹽與胡椒放進去拌勻。用量匙或咖啡匙，在每一朵櫛瓜花裡填入 1.5 小匙的餡料，填好後一旁備用。

· 將粘米粉放在一只餐盤裡，倒入氣泡水，攪打成滑順且完全混合均勻的麵糊。

· 取一只直徑 25~30 公分的平底鍋，放入橄欖油，以大火加熱至冒煙。將 4 只鑲餡櫛瓜花放入餐盤裡，仔細平均沾上麵糊。

· 將沾好麵糊的櫛瓜花放入平底鍋內，煎到表面呈金棕色，用漏勺翻面一次，總共煎炸約 3 分鐘。將煎好的櫛瓜花移到不透水的包肉紙或紙巾上瀝油，稍微撒上鹽。接續完成所有的櫛瓜花。趁熱端上桌。

重點筆記：以水牛奶製作的瑞可達乳酪，質地特別輕盈滑順，不過，用以牛奶製成的瑞可達乳酪來準備這道料理，也非常美味。食材愈新鮮愈好，這是不變的真理。若是自製瑞可達乳酪（第 99 頁），絕對能用到最新鮮的食材。

義大利的格拉納乳酪

義大利文「grana」意指做成大型輪狀的熟成乳酪。由於在熟成過程中會形成結晶，因此或多或少帶有鬆脆的口感。在所有種類的格拉納乳酪中，最著名的兩種是帕馬森乳酪和格拉納帕達諾乳酪。格拉納乳酪的起源可以回溯到一千年以前，是一種非常古老的食品。不妨試試以下幾種傳統吃法：

1. 用傳統的鏟子狀乳酪刀，把格拉納乳酪一塊塊鑿下來，和熟西洋梨一起端上桌。

2. 用蔬果削皮刀將格拉納乳酪削成片，放在任何沙拉上。

3. 將格拉納乳酪磨碎後撒在麵食、湯品或燉飯上，或是拌入義式烘蛋的蛋液裡（第 191 頁）。

4. 待所有美味乳酪都吃完後，將乳酪邊放在湯裡熬煮以增添風味，上桌前記得將乳酪邊挑出丟掉。

格拉納帕達諾乳酪與帕馬森乳酪

「格拉納帕達諾乳酪聯合會」（The Grana Padano Consortium）旨在向世人推廣具有 DOP 認證的格拉納帕達諾乳酪，讓人認識進而讚賞這種世界上最受歡迎且銷售量最高的乳酪。負責生產、熟成與銷售格拉納帕達諾乳酪的人往往滿腔熱忱，對乳酪的風味與來源如數家珍。這款乳酪據載最早出現在西元十二世紀，出自生活在齊亞拉瓦萊（Chiaravalle）的熙篤會修道院僧侶之手。時至今日，格拉納帕達諾乳酪的產地早已遍布義大利北部地區的波河（Po）河谷。目前共有 6193 間工坊與 165 間農場專門生產具有 DOP 認證的格拉納帕達諾乳酪，使用的是義大利境內生產最高品質的牛奶。乳酪至少熟成一年，不過在熟成十八個月以後品質最佳。這種乳酪是非常良好的鈣質、蛋白質、維生素與礦物質來源。

帕馬森乳酪同樣也有著傳奇歷史，它甚至曾經被當成貨幣來使用，即使到現在，仍然有許多義大利銀行接受以帕馬森乳酪作為貸款抵押。每一個帕馬森乳酪（特徵為用原點印出的乳酪名稱）都需要用到六百公升的牛奶來製作。這種乳酪起源於帕爾馬、雷焦艾米利亞（Reggio Emilia）、莫德納、波隆那至雷諾河（Reno）西岸與曼托瓦（Matna）至波河東岸等地。這地區有四千家農場生產牛奶，四百間工坊製作這種乳酪，其熟成時間介於十二個月到兩年（特定種類的熟成時間甚至更久）。這種乳酪背後到底有什麼祕密？答案就在於健康牛隻的純天然飲食。其中有一種特殊帕馬森乳酪是用紅牛的奶製作，這種牛目前已經非常罕見。紅牛的奶產量比一般乳牛少，牛奶內蛋白質含量的差異，讓這種乳酪更適合長時間熟成。以紅牛奶製作的帕馬森乳酪，是 Eataly 銷售量最佳的乳酪。

刨成片的
格拉納帕達諾乳酪

格拉納帕達諾乳酪

磨成粗粒狀的格拉納帕達諾乳酪

帕馬森乳酪

塊狀的帕馬森乳酪

磨成細粉狀的
帕馬森乳酪

諾瑪茄香麵

PASTA ALLA NORMA

4 人份第一道主食　　　　　　　　　　　　　　西西里島 Sicilia

2 個中型茄子（總重約 1.36 公斤）

細海鹽，用量依喜好

2 大匙特級冷壓初榨橄欖油

1 瓣大蒜，切末

1 個中型紅洋蔥，切小丁

1 杯番茄糊

粗海鹽，加入煮麵水用

454 公克筆管麵或其他短型乾製麵食

142 公克鹹瑞可達乳酪，切塊

1 枝新鮮甜羅勒的葉子

　　諾瑪茄香麵以西西里島上滋味豐盈的茄子和經過熟成的鹹瑞可達乳酪為主角。這道料理的名稱是向作曲家文森佐・貝里尼（Vincenzo Bellini）備受讚譽的歌劇《諾瑪》（*Norma*）致敬。貝里尼是西西里島卡塔尼亞（Catania）人，據傳在十九世紀期間，劇作家尼諾・馬爾托里奧（Nino Martoglio）第一次嚐到這道料理，印象深刻，便將它比擬為歌劇的傳統美聲。可依喜好將茄子油炸，不過我們認為以烘烤方式處理更為美味，而且也比較簡便。鹹瑞可達乳酪是將瑞可達乳酪拿去壓製、鹽醃並乾燥而成，我們喜歡將它切成塊狀，擺盤時比較美觀，不過也可以將它切碎後撒在麵上。

・將茄子切成約 2 公分塊狀，放入濾鍋內，撒上細海鹽翻拌，把濾鍋架在一只碗上或水槽上，讓茄子脫水約 1 小時。

・烤箱預熱 180°C。

・將茄子丁拍乾，加入 1 大匙橄欖油拌勻。以鹽調味，茄子已用鹽醃過，調味時需特別留意。將茄子平鋪在烤盤上（烤盤上可鋪鋁箔紙，之後比較容易清理），放入預熱好的烤箱內烘烤 15 分鐘，期間不要翻動。當茄子表面烤出漂亮的棕色後，翻面繼續烘烤至茄子丁完全呈現金棕色且變軟，約需再烤 15~20 分鐘。烤好後一旁備用。

・煮沸一大鍋清水。

・取一只大平底鍋，放入剩餘的 1 大匙橄欖油，以中火加熱並加入大蒜與洋蔥。炒到洋蔥變透明、大蒜散發出香味，約需 3 分鐘。加入番茄糊，並以鹽調味。將火調小，熬煮到醬汁變稠，約需 10 分鐘。

・待水沸騰，加入粗海鹽（參考第 20 頁），下筆管麵。頻繁以木匙攪拌，將筆管麵煮到彈牙（煮麵技巧請參考第 74 頁）。

・麵煮到彈牙後，放入濾鍋內瀝乾。將茄子丁放入平底鍋與番茄醬汁拌勻，然後放入瀝乾的麵，在中火上拌勻後離火。加入乳酪塊翻拌均勻，最後撒上甜羅勒葉（若葉片較大可撕碎使用），立刻端上桌。

奧斯塔谷乳酪鍋

FONDUTA VALDOSTANA

4 人份主菜   奧斯塔谷 Valle d'Aosta

340 公克風提那乳酪

2 杯全脂牛奶

8 片鄉村麵包（第 119 頁，每片約 4 公分厚），或其他類似的麵包

3 大匙無鹽奶油

4 個蛋黃

細海鹽，用量依喜好

4 片新鮮白松露片，或 1 小匙白松露泥

　　這款來自義大利北部的乳酪鍋，是一道一鍋搞定的主菜。它和瑞士乳酪鍋類似，不過並沒有用到葡萄酒或大蒜，而是用到了蛋黃。可以蒸熟的蔬菜如花椰菜代替麵包或和麵包一起端上，用來沾食。也可以將做好的乳酪醬淋在煮熟的蔬菜或是蔬菜餡餅上。

·去除乳酪邊，並將乳酪切成薄片。將乳酪放在鍋子裡，鍋具可以是可直火加熱的乳酪鍋組、雙層鍋的內層、或是能夠平穩放在一鍋清水中的大碗。

·將牛奶淋在乳酪上，放入冰箱冷藏至少 1 小時，至多 3 小時，讓乳酪完全浸在牛奶裡。

·烤箱預熱 180°C。

·將麵包切成邊長 4 公分的小塊，鋪在烤盤上，放入烤箱烘烤約 20 分鐘，期間翻面一至兩次。烤好後一旁備用。

·將乳酪瀝乾，牛奶另外保留。乳酪放回內鍋／大碗裡，加入奶油。在外鍋注入清水並加熱煮滾，然後將火調小，讓水保持微滾，再將盛有乳酪和奶油的內鍋／大碗放在沸騰的清水中。邊隔水加熱邊持續以打蛋器攪拌，直到乳酪與奶油融化且完全融合，約需 10 分鐘。剛開始，可能會看見一坨軟糊糊的東西，但持續攪打後就會成為滑順醬汁。

·把蛋黃一個一個打進去，每次都攪打均勻後，再加入下一個。慢慢將保留的牛奶以細流的方式加進去，期間不停攪打，直到乳酪醬質地滑順且具有流動性（可能不會用到全部的牛奶）。加熱、攪打至乳酪醬溫度一致且非常滑順為止，約需 10 分鐘。品嚐並以鹽調味。

·若使用乳酪鍋組，則將乳酪醬移到乳酪鍋組內，以小火直接加熱。如果沒有，則取四只餐碗，用熱水洗過使碗加溫，然後將乳酪醬分成四份倒進去。在每一份乳酪醬上放上一片松露片或 ¼ 小匙松露泥，立刻和沾食用的麵包一起端上桌。

壓花圓麵片佐熱那亞青醬

CROXETTI AL PESTO GENOVESE

6 人份第一道主食 利古里亞 Liguria

粗海鹽，加入煮麵水用

227 公克四季豆

2 個小型育空黃金馬鈴薯（Yukon gold potato），去皮後切成約 2 公分厚的切片

454 公克壓花圓麵片（croxetti）

1 瓣大蒜

細海鹽，用量依喜好

一把新鮮甜羅勒的葉子（約 2 杯未壓緊的量）

2 大匙松子

半杯特級冷壓初榨橄欖油

半杯磨碎的羅馬羊乳酪

利古里亞地區的料理以使用大量香草聞名，其中最知名的，就是以磨搗方式製作的青醬。好的青醬聞起來有甜羅勒的清香，呈濃郁的綠色。基本上，青醬是糊狀的，製作過程中不需烹煮，如熱那亞青醬就是典型的例子。壓花圓麵片是一種硬幣狀的圓形麵食，以特製壓模製作，上面常印有符號。也可以用另一種乾製麵食來製作這道料理，此外，青醬搭配新鮮蛋麵也非常美味。

· 煮沸一大鍋清水。

· 待水沸騰以後，加入粗鹽，放入四季豆煮到軟，約需 5 分鐘，然後用漏勺取出。放入馬鈴薯片，煮到能夠輕易用削皮刀插入但不至於散開的程度，約需 8 分鐘，然後用漏勺移到一只溫熱的大餐碗內。

· 下麵，將壓花圓麵片煮熟，期間頻繁以木匙攪拌（煮麵技巧參考第 74 頁）。

· 煮麵的同時，將四季豆切成 2.5 公分小段，加入放了馬鈴薯片的大碗內。

· 將大蒜和一大撮細海鹽放入一只大研缽內，研磨成糊。加入甜羅勒葉；先放入四分之一的量，研磨至葉片碎裂，再一次一片把剩餘的甜羅勒葉加進去，每放一片都應先把研缽內的材料磨碎。加入松子，磨碎。加入橄欖油，研磨至醬汁滑稠。最後，加入乳酪並研磨至滑稠且均勻。

· 取約 2 大匙煮麵水，加入青醬內。將少許青醬放入大餐碗內，和馬鈴薯與四季豆一起拌勻。

· 麵煮熟後取出瀝乾，加入大餐碗內。放上剩餘的青醬，翻拌至完全均勻，便可趁熱上桌。

PANE E CEREALI

麵包與
五穀雜糧

請認真嚴肅地看待麵包。

麵包

PANE

義大利是一個由許多不同的料理小區域構成的國家，隨便挑一種食材，都有數千種食譜，麵包當然也不例外。義大利的每一個地區、甚至每個城鎮與鄉里，都有自己的傳統麵包。若不是使用當地生產的麵粉、正確的技巧甚至水源，不太可能真正複製出那些滋味變化多端的麵包。水對麵包的影響非常大，拿坡里人常說，披薩只要出了拿坡里，味道就變了，因為用來製作麵團的水不一樣。許多麵包師傅在製作麵包時也會選用來自該麵包來源地的瓶裝水，這與特定產地的酒無可避免會被用來搭配該地料理，是同樣的道理。

因此，Eataly 商場裡也創造出自己的「本地產」麵包。雖然顧客可能會覺得我們的麵包和許多來自義大利各地的鄉村麵包類似，但它們實際上並不來自義大利的任何一個地區，而是使用來自每間商場鄰近生產商的石磨研磨有機麵粉。也就是說，美國地區的 Eataly 商場採用在美國地區研磨的麵粉，義大利的賣場則使用馬里諾磨坊（Mulino Marino）的麵粉。如果你曾經自己做麵包，就不難發現，使用近期研磨的「新鮮」麵粉，對烘焙產品的風味與質地有著讓人訝異的影響力。所有 Eataly 商場都使用同樣來源的老麵（lievito madre），一種母種或天然酵母。我們使用的是養了超過三十五年的老麵。在開設一間新分店的時候，我們會將少許麵種送過去。我們每天都會用柴燒窯烘烤新鮮麵包，因此我們貨架上的麵包，皆是獨一無二的。遵照傳統義式麵包製作原則來烘烤的麵包，新鮮且滋味滿盈，絕不擺放超過二十四小時，內部有彈性，外皮酥脆，可謂餐食良伴。以正確方法製作的柴燒窯烘焙麵包，是一種可以放進嘴裡的義大利藝術。自行製作天然麵種的方法可參考第 121 頁。

品質標誌

麵包製作是一種古老的藝術，關鍵在於使用高品質食材：石磨研磨麵粉與天然酵母。

全麥麵粉與全穀物如玉米碎與碎麥等都含有油脂，容易腐壞，因此必須要放在密封罐內置於冰箱冷凍。使用前不需解凍。

義大利各地區的麵包

拖鞋麵包（ciabatta）	倫巴底	一種橢圓形的扁平麵包，麵包裡的洞很大，因為麵團含水量非常高而有質地輕盈的外皮。
費拉拉雙棒麵包（coppia Ferrarese）	艾米利亞－羅馬涅	以油麵團（oil-based dough）做成的麵包，外皮金棕色，麵包心質地如棉絮；製作時會將兩條長形麵團編起來形成「X」的形狀。
麵包棒（grissini）	倫巴底	又長又酥脆的麵包棒。
阿爾塔穆拉麵包（pane di Altamura）	普利亞	一種具有 DOP 認證的麵包，製作材料是特定地方產的硬質小麥做成的麵粉；標有「pane tipo Altamura」（阿爾塔穆拉式麵包）以類似的方法製作，然而並未受到認證。
波札諾麵包（pane di Bolzano）	特倫提諾－上阿迪杰	麵包質地密緻的黑麥麵包。
普利亞麵包（pane Pugliese）	普利亞	一種又圓又大的麵包，質地非常輕盈溼潤，外皮稍有凹陷、顏色深且表面龜裂。
托斯卡尼麵包（pane Toscano）	托斯卡尼	非常樸實的鄉村麵包，製作時不放鹽。
小玫瑰麵包（rosetta）	倫巴底	外緣花瓣狀、中央有個小圓圈且中心中空的麵包。

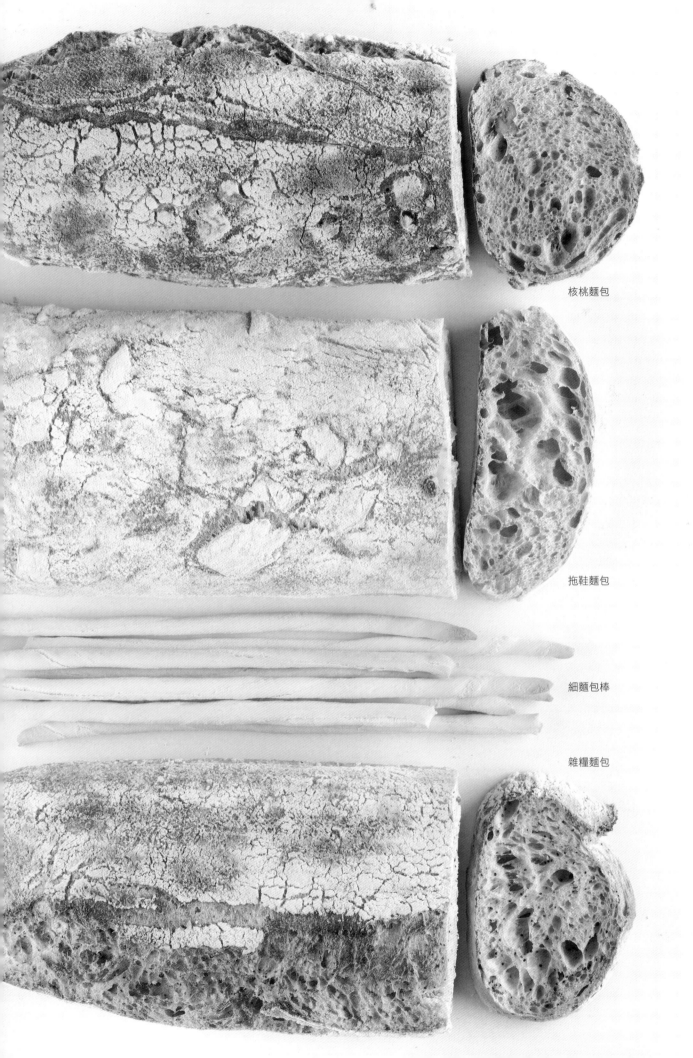

核桃麵包

拖鞋麵包

細麵包棒

雜糧麵包

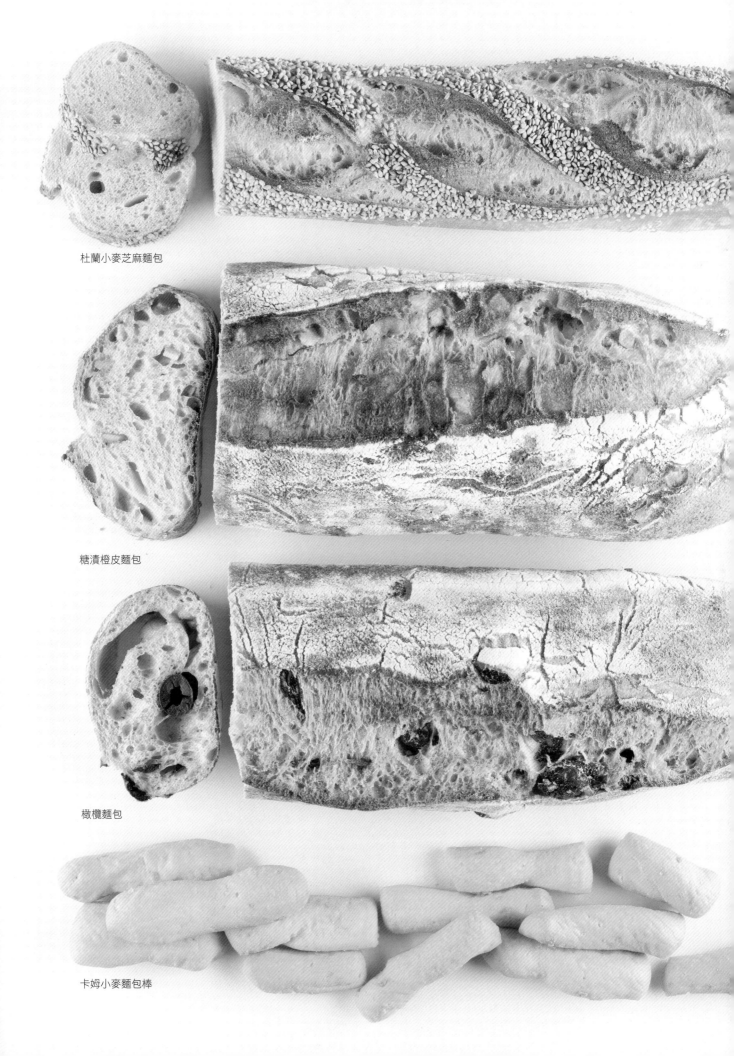

杜蘭小麥芝麻麵包

糖漬橙皮麵包

橄欖麵包

卡姆小麥麵包棒

義大利的佐料麵包切片

義大利常見的佐料麵包切片，是一種在烤過的麵包上面放配料的輕食點心，有「crostini」和「bruschetta」兩大類，兩者都是非常有隨興且簡單樸實的開胃菜。Crostini 最好用質地細緻的麵包如棍子麵包（filone）製作，麵包片應切成約 2 公分厚度，放入烤麵包機或烤箱裡烘烤至酥脆。Bruschetta 更具鄉村風味，麵包通常以板烤方式處理，並且會塗抹一瓣大蒜以增添風味；Eataly 商場的經典鄉村麵包（第 119 頁）就非常適合用來製作 Bruschetta。將麵包切成約 2.5 公分厚的麵包片，每片麵包大約搭配 1 大匙配料。也可以用第 221 頁的雞肝醬做出經典的托斯卡尼雞肝醬佐烤麵包片。

烤麵包片佐義大利白腰豆 （crostini ai cannellini）	用手大致將煮熟的白腰豆壓成泥，並加入大量現磨黑胡椒。將豆泥塗抹在麵包片上，以紅洋蔥末和義式煙燻培根裝飾。
烤麵包片佐鮪魚 （crostini al tonno）	將義大利進口的罐裝鮪魚瀝乾，加入少許續隨子一起打成滑順的漿狀。將鮪魚將抹在麵包片上，並以整顆續隨子裝飾。
烤麵包片佐南瓜 （crostini alla zucca）	南瓜烤軟，加入一撮鹽並打成滑順的南瓜泥；將熟成過的羊乳酪刨成片，用來裝飾。
蒜香烤麵包片 （bruschetta all'aglio）	傳統的大蒜麵包作法：將大蒜對切，用切面塗抹麵包片表面。淋上手邊最好的特級冷壓初榨橄欖油，並以鹽調味。
烤麵包片佐番茄 （bruschetta al pomodoro）	將新鮮番茄切丁，然後加入鹽和少許撕碎的甜羅勒翻拌均勻。將大蒜對切，用切面塗抹麵包片表面，再把番茄和其湯汁舀上去。
西西里風味烤麵包片 （bruschetta Siciliana）	將大蒜對切，用切面塗抹麵包片表面，然後刷上特級冷壓初榨橄欖油。將瑞可達乳酪和下列任何或所有材料混合：新鮮奧勒岡末、乾辣椒末、紅洋蔥末、切碎的黑橄欖。將薄薄一層調味瑞可達乳酪塗抹在麵包片上。

你不會在義大利看到空空的麵包籃。
麵包就像義式麵食和披薩一樣，是地中海風味的同義字。
義大利的飲食文化中有了麵包才算完整。

如何「做小鞋」

義大利人不會在麵包上抹奶油。麵包是用來將食物推到叉子上的，在料理吃完後，再用麵包把美味的醬汁抹淨吃掉。用來抹盤子的小塊麵包，義大利文叫作「scarpetta」，直譯是「小鞋子」的意思。

1. 從麵包籃裡剝下一小塊麵包，或是從朋友的盤子裡捏一塊。

2. 將麵包放在盤內醬汁邊緣，切面朝下。

3. 手抓著麵包，抹過醬汁，儘量把醬汁吸起來，然後把麵包放入嘴裡。

Mulino Marino 馬里諾磨坊

住在城市裡的人們，一不小心就會忘了麵粉其實是植物做成的產品，因為它們總是被裝袋或裝盒，放在超市的貨架上。然而，麵粉是如假包換的植物產品，最常見的原料就是小麥，而就像所有作物一樣，收成過了一段時間後，風味和特色就會漸漸流失。麵粉也是會壞的，儘管速度不如蘋果等新鮮蔬果那麼快。馬里諾磨坊位於皮埃蒙特地區的科薩諾貝爾博鎮，該磨坊目前仍有三座天然石磨在運轉，以傳統方式磨製未經雜交或基改的有機穀物。這間磨坊的麵粉味道新鮮，有明顯的小麥味，也保有了小麥大部分的營養。

這裡的麵粉並未受到精緻，石磨仍然以傳統的敲擊工序來保養。因為天然石材表面不會過熱（不像工業用大型研磨機使用的鋼輥表面），研磨過後的胚芽和麩仍然有活性。這樣的麵粉吃起來才有麥香，與工業化量產的麵粉比較起來，也更有營養、容易消化。

馬里諾磨坊有自己的實驗室，通常用來進行定性測試與篩選。除了小麥麵粉，該公司也生產黑麥粉、卡姆小麥粉、斯佩爾托小麥粉（spelt）與其他麵粉，用不同麵粉做出來的麵包、蛋糕和任何烘焙品，在風味上都有著非常顯著的差異。

鄉村麵包

PANE RUSTICO

一個麵包

3 杯高筋麵粉

1 杯全麥麵粉

200 公克（約 1 杯）酵種（參考第 121 頁）

1 大匙細海鹽

¼ 小匙速發乾酵母

　　這是 Eataly 的佐餐麵包，麵包師傅每天都會用我們自己的天然酵母輔以少許新鮮酵母來製作這款麵包。只要準備好酵種（參考第 121 頁），就可以按照下面的食譜在家製作；也可以用額外的速發乾酵母取代酵種，或是完全只使用酵種，捨棄速發乾酵母。如果不加入額外的酵母，做出來的成果較無法預期，不過一樣好吃。我們製作麵包的的標準程序中，會將麵粉和水混合，然後放在一旁靜置鬆弛數小時，如果你趕時間，可以減少靜置鬆弛的時間，不過在進行下一步之前，務必讓混合物靜置鬆弛至少 30 分鐘。這個步驟是為了「自解」（autolyze），讓麵粉能夠充分且均勻地吸收水分，麵團會因此更容易按揉，最後做出來的成品也會有更明顯的小麥味。再說，這個步驟一點都不辛苦，只要將水和麵粉混合到差不多的程度，然後耐心等待即可。你會驚訝地發現，在混合物靜置一段時間以後，會變得更柔滑。最後再提醒一點：用來製作這款麵包的全麥麵粉必須要是「硬質」全麥麵粉。麵粉依蛋白質含量分成「硬質」和「軟質」，全麥低筋麵粉屬於軟質麵粉，無法發展出足夠的麵筋，做出來的麵包比較不好吃。大部分標示為全麥麵粉者都屬於硬質麵粉。

・將兩種麵粉放入一只大攪拌盆裡。拌入 1⅓ 杯溫水，以木匙或手攪拌，直到兩者大致混合。用保鮮膜把攪拌盆包好，放在一旁靜置至少 30 分鐘，至多 4 小時。

・在攪拌盆內加入酵種，將麵粉和清水按揉至混合均勻。取出約 ¼ 杯麵團（大約即可），放入一只可密封的乾淨玻璃瓶裡，蓋上瓶蓋，保留下來，待下次製作麵包時使用。

・在麵團上撒鹽和速發乾酵母，然後將麵團移到沒有撒麵粉的乾淨檯面上。按揉麵團至平滑緻密，約需 10 分鐘，若有必要，在操作過程中可以使用麵團切刮刀。一開始的時候，麵團會相當黏手，不過在按揉的過程中，會變得愈來愈容易操作。除非麵團跟麵糊一樣水，否則不要再多加麵粉。等到麵團揉好以後，用手拉起一塊麵團，應該能夠形成薄膜。如果拉起時麵團直接斷掉，則需繼續揉麵。

變化版

無花果鄉村麵包：在麵團揉好但尚未進入醒麵階段時，將半杯大致切過的無花果乾加入麵團裡。這款麵包可搭配軟質乳酪。

葡萄乾鄉村麵包：在麵團揉好但尚未進入醒麵階段時，將半杯黑葡萄乾加入麵團裡。這款麵包可以搭配果醬或蜂蜜，若搭配醃肉可以形成美妙的鹹甜對比。

核桃鄉村麵包：在麵團揉好但尚未進入醒麵階段時，將¾杯去殼核桃加入麵團裡。這款麵包可搭配秋季沙拉。

橄欖鄉村麵包：在麵團揉好但尚未進入醒麵階段時，將半杯去籽黑橄欖與2~3大匙稍微磨過的乾燥香草混合物加入麵團裡（可使用的香草包括迷迭香、茴香籽、香薄荷、百里香、甜羅勒、龍蒿、薰衣草、細葉巴西里、馬鬱蘭與奧勒岡）。這款麵包可搭配蔬菜湯。

糖漬橙皮鄉村麵包：在麵團揉好但尚未進入醒麵階段時，將半杯切碎的糖漬橙皮加入麵團裡。這款麵包可搭配瑞可達乳酪與蜂蜜、榛果巧克力醬（參考第250頁）或單吃。自製糖漬橙皮的作法很簡單：用削皮刀將橙皮削下來，小心不要削到白色的部分。將橙皮切成約1公分長條。將等量的清水和糖放入中型單柄鍋內，以中火加熱，製作糖漿。烹煮期間偶爾攪拌，煮到糖完全溶解。將橙皮加到糖漿裡，調整火力，讓糖漿保持微滾，熬煮到橙皮變軟變透明，約需45分鐘。用漏勺取出橙皮，放在架子上瀝乾。

· 將麵團放入發酵籃裡（或是在濾鍋裡鋪上平織擦碗巾並撒點麵粉），放在一旁進行室溫發酵。30分鐘後，折疊麵團並翻面。折疊的方法如下：在麵團和工作檯面上撒點麵粉，輕輕將麵團倒在檯面上，從麵團的右側向右拉開，然後將拉出來的部分疊到麵團上；在左側、上端和下端重複同要的動作共四次後，將麵團翻面，讓平滑面朝上，然後將麵團放回發酵籃裡，若有必要可以使用麵團切刮刀輔助。再靜置30分鐘後，重複折疊麵團的動作。然後讓麵團繼續發酵約1.5小時。

· 再次將麵團倒在工作檯面上，平滑面朝下。替麵團整形。若在整形期間麵團有點硬，則再多靜置20分鐘以後，重新開始操作。輕輕將麵團整成厚實的長方形，小心儘量不要讓麵團排氣。像折信紙一樣，將麵團折成三分之一。用手掌輕輕將麵團往自己的方向滾，讓接縫處封起來，並將接合處抵在工作檯面上壓好。用手掌將麵團滾成兩端尖細的圓柱狀。

· 將整好形的麵團放在鋪了烘焙紙的烤盤上，鬆鬆地蓋上保鮮膜，然後放入冰箱裡冷藏。發酵到麵團非常蓬鬆、看來平滑且感覺偏乾，約需8小時。放入冰箱裡低溫發酵可讓發酵過程變慢，味道也會因此發展出來。如果時間不夠，可以將麵團置於室溫環境中發酵2小時，不過做出來的味道不如長時間發酵者來得有深度。

· 準備要烘烤麵包時，手上若有烘焙石板，把石板置於烤箱中層。烤箱預熱260°C。將一只烤盤放在烤箱最下層的架子上，用來製造蒸氣。

· 如果有麵包鏟和烘焙石板，將麵團和烘焙紙一起移到麵包鏟上。取一只鋒利的刀子，在麵包表面劃三到四條平行斜線。讓麵包鏟上的麵團和烘焙紙一起滑到石板上。如果沒有石板，只要將烤盤放進烤箱即可。將清水倒入烤箱底部的烤盤裡，然後迅速關上烤箱門。烘烤至麵包膨脹，表面酥脆且顏色變深，且用手輕敲底部時會發出空洞聲響，約需50分鐘。

· 將烤好的麵包放在架子上，待完全冷卻後再切片。

如何製作酵種

養老麵或天然酵種最簡單的方法，就是每次做麵包的時候，在加鹽之前先取一點麵包麵團保留下來。將這塊麵團存放在乾淨玻璃罐裡，若是接下來幾天內打算烤麵包，則置於室溫環境中保存；若是一陣子後才要使用，就放入冰箱裡冷藏。

一旦開始規律地烘烤麵包，這個流程很容易就會變成一種習慣，不過第一批麵團使用的麵種，則要自某處取得或自行製造。麵種其實就是麵粉和水混合以後，經過時間而養出的酵母與細菌。請不要害怕「細菌」，這裡的細菌是益菌，就如優格裡的細菌。黑麥麵粉是一部分此類細菌的天然來源，因此一開始用黑麥麵粉來製作酵種會很有幫助，不過假使手上只有一般的小麥麵粉也沒有關係，一樣可以進行。

1. 將等量（約半杯）的麵粉（最好是黑麥麵粉）和清水放入可以密封的玻璃瓶裡。一開始，酵種看起來並不多。將蓋子旋緊，並將玻璃瓶放在室溫環境中靜置幾天。

2. 麵粉混合物的顏色會變深（而且有些異味），也會開始起泡。將一半的酵種丟掉，留下一半的酵種，並把玻璃瓶洗淨。將留下來的酵種放回玻璃瓶裡，然後再次拌入等量的麵粉與清水（約 ¼ 杯）。將蓋子旋緊，靜置於室溫環境中。

3. 每次酵種顏色變深且開始起泡，就重複步驟二。酵種起泡的速度會愈來愈快。等到酵種在 8 小時內就開始起泡、膨脹成兩倍、外觀看來有很多空洞並出現發酵味後（成功的發酵味應不會過度帶有「啤酒味」），就完成了。

4. 酵種幾乎可以在冰箱裡無限期地冷藏保存。使用時，將酵種置於室溫環境中回溫，以上述方式重新餵食，待酵種能在餵食 8 小時內再次達到活性與起泡狀態後，即可使用。不過，如果冷藏的時間太久，可能要花一週的時間才能讓酵種醒來。

披薩與佛卡夏

PIZZA E FOCACCIA

　　義大利僅次於義大利麵的知名料理，應屬在世界各地都非常受到歡迎、名叫「披薩」的扁麵包。披薩最初來自坎帕尼亞地區，儘管現在幾乎可以在世界上任何一個地方找到號稱為「披薩」的食物，坎帕尼亞地區的披薩仍然特別好吃。義式披薩是一人份的圓餅，放入高溫柴窯裡短時間烘烤約 3 分鐘，至餅皮變軟且膨脹起泡後，趁熱端上桌。為了維護披薩傳統，義大利在 2009 年向歐盟提出申請，將拿坡里披薩列為傳統特產保證，而歐盟也通過了這項申請。

義大利的傳統披薩

披薩配料可能非常多樣，從鳳梨到玉米等都包括在內，不過在拿坡里，以披薩為號召的店裡，菜單上必定會有如下幾種特定的傳統披薩。

名稱	意義	配料
Margherita	瑪格麗特披薩，1889 年義大利女王駕臨拿坡里時以女王命名	番茄醬、水牛莫札瑞拉或乳花莫札瑞拉乳酪（latte mozzarella）、甜羅勒
Mariana	水手風味	番茄醬汁、奧勒岡、大蒜
Napoletana	拿坡里風味	番茄醬、莫札瑞拉乳酪、鯷魚柳、續隨子
Quattro Stagioni	四季	番茄醬與莫札瑞拉乳酪為底，披薩分成四個部分，分別放讓四種不同的配料，通常用橄欖、朝鮮薊、蘑菇與義式火腿
Capricciosa	傳統綜合口味，由披薩師傅調配的主廚披薩	每間披薩店都不一樣，不過幾乎什麼配料都可以放上去

義式佛卡夏三明治

佛卡夏本身就很好吃,較厚的佛卡夏可以橫切成兩半,夾入餡料,做成各式各樣的美味三明治。
以下是在 Eataly 商場最受歡迎的幾種組合。製作時別忘了在餡料上淋點橄欖油。

樵夫三明治（il boscaiolo）	炒百菇、塔雷吉歐乳酪與芝麻菜
卡拉布里亞三明治（il calabrese）	辣味壓製薩拉米與帕芙隆乳酪（provolone）切片
乳酪師傅三明治（il casaro）	莫札瑞拉乳酪切片、大番茄（非基改）切片、海鹽與甜羅勒油
乳豬三明治（il maialino）	烤豬里脊肉、球莖茴香絲、續隨子與香蒜鯷魚醬
烤乳豬三明治（il porchettaro）	厚切烤乳豬（參考第 210 頁）與義式綜合醃蔬菜
高山三明治（l'alpino）	義式熟火腿、風提那乳酪切片與芥末糖漬無花果

瑪格麗特披薩

PIZZA MARGHERITA

6 片一人份的披薩　　　　　　　　　　　　　　　　坎帕尼亞 Campania

3½ 杯義大利 00 麵粉或未漂白的中筋麵粉

3½ 半杯高筋麵粉

14 公克（約 1 大匙）酵種（參考第 121 頁）

1 大匙加上 1 小匙細海鹽，依喜好增加用量

0.5 小匙速發乾酵母

1½ 杯番茄丁

1 瓣大蒜，切末

¼ 杯特級冷壓初榨橄欖油，另額外準備澆淋用的量

454 公克莫札瑞拉乳酪，切薄片

18 片新鮮甜羅勒

　　這份食譜的麵團份量，可以做出六片一人份的披薩，也可以依喜好將份量減半。披薩麵團適合冷凍，手邊隨時備有麵團會很方便。冷凍披薩麵團的作法，可參考第 125 頁。無論如何，除非你的烤箱和烘焙石板都很大，否則每次只能烤一塊披薩。如果你是家裡有柴窯的幸運兒，這絕對是讓柴窯大展身手的好時機。若無，只要將烤箱調到最高溫，並在放好烘焙石板以後確實預熱烤箱即可。在世界各地開設 Eataly 商場的最大挑戰之一，就是找麵粉，因為世界各地生產的麵粉都不一樣。義大利麵粉是以 00、0 等來分級，這種分級方法對於麵粉研磨的粗細度有清楚的規範，不過並沒有標明蛋白質含量。如果你買不到義大利 00 麵粉，可以用未漂白中筋麵粉來代替。

· 取一只大攪拌盆，放入麵粉與 2 杯溫水。用手攪拌至大致成團，再用保鮮膜覆蓋，在室溫環境中靜置一小時。

· 將酵種加入攪拌盆中（若酵種很硬則加入少許清水攪拌至溶解）拌勻。取出約 ¼ 杯麵團（大約即可），放入一只可密封的乾淨玻璃瓶裡，蓋上瓶蓋保存，待下次製作麵包時使用。

· 將鹽和速發乾酵母撒在麵團上，然後將麵團倒在撒了一點麵粉的工作檯面上，按揉至柔軟且完全混合均勻，約需 15 分鐘。

· 將麵團移到乾淨的大碗中（不需抹油），覆上保鮮膜，於室溫環境發酵 1 小時。

· 將麵團倒在撒了一點麵粉的工作檯面上，用麵團切刮刀切成六等份。如果要很精確，則以秤重的方式測量，每個麵團重量應在 283~340 公克之間。

· 在烤盤或托盤上撒一點麵粉，一旁備用。將一塊麵團放在工作檯面上，平滑面朝上。指尖併攏，一邊旋轉一邊把麵團從中間往外推壓，做成表面平滑且伸展開的圓形餅皮。將圓形餅皮移到準備好的烤盤上，以同樣的方式處理剩餘的麵團。

· 用保鮮膜蓋好烤盤或托盤，放入冰箱冷藏至麵團膨脹，至少 8 小時，至多 24 小時。如果不打算一次把六塊披薩做完，可以把

發酵好的披薩麵團放入冷凍庫保存;使用前讓麵團回到室溫,
再按照以下步驟繼續操作。

‧在製作披薩的一個半小時以前,將麵團從冰箱取出,蓋起來靜
置至麵團溫度回到室溫。

‧將烘焙石板放入烤箱最下層,並取出烤箱內的其他層架。將烤
箱預熱至最高溫,至少要達 260°C。

‧取一只小碗,放入切碎的番茄、大蒜與橄欖油拌勻,依喜好用
鹽調味。

‧將一塊麵團放在撒了一點麵粉的工作檯面上。將麵團推成直徑
約 25 公分的圓盤狀(參考第 127 頁)。推開的麵團應該是中間
薄(小心不要撕裂)邊緣稍厚。如果麵團推不開,則靜置幾分
鐘,讓麵團鬆弛一下再繼續操作。

‧將推開的麵團放在一張烘焙紙上,然後將麵皮和烘焙紙一起移
到麵包鏟上(也可以翻面的烤盤代替麵包鏟)。將約 ¼ 杯番茄
醬抹在麵團上,邊緣留白,放上幾片莫札瑞拉乳酪。

‧讓披薩連同烘焙紙一起滑到烘焙石板上。趁一塊披薩正在烘烤
時製作下一塊。烘烤到麵團膨脹起泡變成金黃色、乳酪融化,
約需 4~7 分鐘,烘烤時間按烤箱溫度而定。取出披薩(若有麵
包鏟可使用之),將披薩移到一只盤子上。放上三片甜羅勒葉,
並在披薩邊上刷點橄欖油。接續完成所有的披薩。

怎麼吃披薩

你可能一直都以錯誤的方式吃披薩，不過，這絕對不是你的錯。

1. 以刀叉切下一塊三角形的披薩。

2. 再將那塊披薩的尖角切下，放進嘴裡吃掉。從裡面朝邊緣吃，每次都用刀叉切下一口大小的披薩。

3. 等到披薩變涼，只剩下一點的時候，可以用手拿起來吃掉。沒有必要把披薩折起來。折起來烘烤的披薩叫做披薩餃（calzone），而且即使是披薩餃也應用刀叉享用。

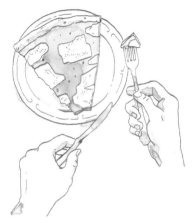

4. 以同樣的方式享用剩餘的披薩。

如何將披薩麵團拉開

看過披薩麵團被拋在半空中的畫面嗎？這樣甩麵團是有原因的。披薩麵團不能用擀麵棍擀開，而是得用推拉的方式伸展成圓形。假設無法把披薩麵團拋在半空中轉，可以在撒麵粉的木製工作檯面上進行下述操作。

1. 將發好的麵團放在工作檯面上。用一隻手的手掌從麵團上方往下將麵團壓扁。

2. 雙手手指併攏拱起手掌，放在麵團中間。

3. 一邊輕輕將兩手朝著相反方向往外拉，一邊壓平並轉動麵團。透過這樣的操作，麵皮超過手掌長度的範圍將因此較厚，形成披薩的邊緣。

4. 重複同樣的動作，直到做出又薄又均勻且外緣稍厚的圓形麵皮。

熱那亞佛卡夏

FOCACCIA GENOVESE

一個 43×30 公分的佛卡夏   利古里亞 Liguria

1¾ 杯未漂白中筋麵粉

1¾ 杯高筋麵粉

28 公克（約 2 大匙）酵種（參考第 121 頁）

1 大匙細海鹽

0.5 小匙速發酵母

2 大匙加 1 小匙特級冷壓初榨橄欖油，另外準備一些塗抹碗與烤盤用

1 小匙粗海鹽

1 大匙切碎的新鮮迷迭香

變化版

洋蔥佛卡夏：洋蔥切薄片或細絲，與橄欖油、鹽和迷迭香拌勻，用來代替橄欖油清水混合液，鋪在佛卡夏麵團上。按照熱那亞佛卡夏的烘烤方式操作。

櫛瓜佛卡夏：將 1 條大綠櫛瓜與 1 條大黃櫛瓜切成薄片，與幾大匙特級冷壓初榨橄欖油、鹽、現磨黑胡椒與磨碎的格拉納乳酪拌勻。省略橄欖油清水混合液，先將佛卡夏麵團放入烤箱烘烤 8 分鐘，然後取出佛卡夏，抹上約半杯瑞可達乳酪，撒上調味好的櫛瓜切片，放回烤箱烘烤至顏色變金黃色且櫛瓜稍微上色，約需再烘烤 8 分鐘。出爐後，將新鮮甜羅勒葉撕碎放在佛卡夏上。

新鮮的佛卡夏美妙無比。烘烤前，應在壓出很多凹陷的麵團表面刷上大量橄欖油清水混合液。在佛卡夏烘烤期間，水分會蒸發，原本填滿鹽和橄欖油的凹陷處也會變得酥脆並烤出漂亮的顏色。在 Eataly，我們製作佛卡夏時會將酵種和速發酵母混合使用。可依喜好省略酵種，並將酵母的量增加到 1 小匙。

· 取一只攪拌盆，放入麵粉與 1⅓ 杯溫水，攪拌均勻。加入酵種（若酵種很硬則加入少許清水攪拌至溶解）攪拌均勻。取出約 ¼ 杯麵團（大約即可），放入一只可密封的乾淨玻璃瓶裡，蓋上瓶蓋保存，待下次製作麵包時使用。

· 將細海鹽與速發酵母撒在麵團上。淋上 1 大匙加 1 小匙橄欖油。用手按揉時，先將麵團倒在稍微撒上麵粉的工作檯面上，按揉至完全混合均勻且柔軟。若以食物調理機揉麵，則裝上專用的麵團刀，攪打至攪拌盆周圍完全沒有殘餘麵粉，約需 2 分鐘，然後繼續攪打 45 秒。

· 在一只攪拌盆內抹少許橄欖油，將麵團放入攪拌盆內，用保鮮膜蓋好，置於室溫環境中發酵至體積膨脹成原本的兩倍，約需 1.5 小時。

· 在一只長 47 公分寬 30 公分的烤盤裡抹上大量橄欖油。將麵團倒在烤盤上，用手指拉伸麵團（參考第 132 頁），將烤盤填滿。麵團很有可能會回縮，這時不要過度撕扯麵團，如果真的無法伸展開，稍微用保鮮膜蓋上，靜置至多 1 小時後，再次拉伸麵團，讓麵團填滿烤盤。如果麵團還是往回縮，則再次靜置麵團，繼續等待。若進行到第三次，麵團應已經過適度鬆弛，這時理應可以將麵團拉伸到填滿烤盤的程度。

· 待麵團拉到填滿烤盤以後，放在室溫環境中靜置 30 分鐘。如果使用烘焙石板，則將石板放在烤箱最下層，並移除其餘層架。烤箱預熱 220°C。

· 取一只小碗，將剩餘的 1 大匙橄欖油和 1 大匙清水放進去拌勻，然後將混合液淋在佛卡夏麵團上。用手指在麵團表面壓出許多間隔約 2.5 公分的凹洞，然後撒上粗海鹽與迷迭香。

‧放入烤箱最下層（若使用烘焙石板）烘烤至表面變金黃色且底部顏色稍深且酥脆，約需 15 分鐘。在烘烤到一半時將烤盤旋轉使前後對調。趁熱上桌，亦可放涼至室溫享用。

瑞柯乳酪（recco）佛卡夏

香腸洋蔥甜椒佛卡夏

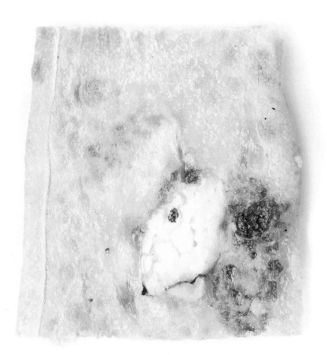

帕爾瑪熟火腿（*parmacotto*）與莫札瑞拉乳酪佛卡夏

番茄與莫札瑞拉乳酪佛卡夏

櫛瓜佛卡夏　　　　　　　　　　番茄奧勒岡佛卡夏

熱那亞佛卡夏　　　　　　　　　　洋蔥佛卡夏

如何替佛卡夏整形

義大利文的「focaccia」一字意指這種麵包滿是凹洞的表面，因為把麵團放在烤盤裡推開的動作，會讓麵團表面形成許多能夠讓油脂和鹽聚積的小凹痕。

1. 將佛卡夏麵團放在抹過油的烤盤裡。

2. 將麵團往外推的同時，也用指尖輕輕壓。

3. 若麵團推不開，則讓麵團靜置鬆弛至少 10 分鐘，至多 1 小時，直到麵團筋度鬆弛，就能輕鬆地順著烤盤形狀將麵團推開。

義式烤餅

PIADINA

12 片

艾米利亞－羅馬涅 Emilia-Romagna

4 杯未漂白中筋麵粉

1 大匙細海鹽

1 小匙小蘇打

半杯全脂牛奶

⅓ 杯特級冷壓初榨橄欖油，或融化的豬板油（leaf lard，參考「重點筆記」）

義式烤餅是一種樸實的扁麵包，是羅馬涅地區的代表性料理，一般會在這種扁麵包上放一些簡單的餡料，例如蒜香菠菜（參考第 168 頁）、可塗抹的軟質乳酪如史特拉基諾乳酪、以及切片的義式火腿或薩拉米，然後把麵包折起來享用。和朋友輕鬆聚餐時，尤其適合端上這款美食，讓每個人自行搭配喜歡的配料組合。

‧將麵粉、鹽與小蘇打放在食物調理機的攪拌盆內，裝上麵團刀。按下間歇運轉開關幾次，讓材料混合均勻。

‧取一個有嘴量杯，放入牛奶與橄欖油或豬板油，攪打均勻。啟動食物調理機，以細流方式慢慢從進料口加入混合液。

‧用量杯量 1 杯清水。在食物調理機啟動狀態下，以細流方式慢慢從進料口加入。打到麵團成形、攪拌盆周圍沒有殘粉且麵團會往刀片上集中成團即可。水量依實際情況調整，有可能不需要加入全部的清水，也可能需要比 1 杯還多一點的量。完成的麵團應該又軟又溼。

‧將麵團放在乾淨的工作檯面上，並將麵團切成 12 等份。將 11 個小麵團先放在一邊，把碗倒扣在麵團上，避免麵團變乾。將一塊小麵團擀成直徑 20 公分厚度 0.3 公分的圓形，擀好好後放在一旁，接續擀開剩餘麵團。擀好的麵皮不要疊起來。如果不好擀開，不斷回縮，則將麵團靜置幾分鐘，再重新開始操作。

‧所有麵皮都擀好以後，將一只直徑 25 公分的鑄鐵平底鍋或煎餅用淺鍋放在中火上，加熱至水滴一接觸鍋面就會開始跳動的程度。將一塊圓形麵皮放入鍋中，烘烤 10 秒，翻面，再烘烤 10 秒。此時，兩面看起來應該乾乾的。用叉子戳進麵皮，稍微轉動麵皮約八分之一圈。烤到下面出現焦黑的小點，翻面繼續烤到另一面也出現黑點，每面約需 2 分鐘。若黑點出現的速度太快，或是出現大面積燒焦的狀況，則將火調小；若麵皮表面顏色一直很淺，沒有出現黑點，則將火轉大。過程中可能會需要不斷調整火力。接續將所有的麵皮烤好。烤好的麵皮可以堆疊起來，趁熱端上桌。

重點筆記：傳統的義式烤餅是用豬油做的，不過演變至今，人們愈來愈常用橄欖油來製作。用橄欖油做出來的義式烤餅和用豬油做的一樣好吃，不過在放涼以後會變得比較酥脆。儘管橄欖油義式烤餅風味佳，不過正統的義式烤餅應該是柔軟的，折起來也不會斷裂，而橄欖油義式烤餅在放涼以後卻會變得像餅乾一樣。義式烤餅應該在做好以後趁熱享用，若想讓已冷卻的橄欖油義式烤餅恢復柔軟，可用蒸的方式加熱。

乾麵包

PANE SECCO

在義大利，麵包無所不在。義大利人會將麵包放在麵包盒裡，午、晚餐都會切幾片來享用，早上也常以麵包沾加奶的咖啡。義大利人對處理剩菜很有一套，剩餘的麵包，尤其是已經變硬變老的麵包，更是非常珍貴的好東西。只要發揮點巧思，老麵包就能搖身一變成為麵包屑，可以用來製作麵包沙拉與麵包布丁（鹹食甜食都有），或是當成湯品與醬汁的增稠劑。和使用工業酵母製作的麵包相較之下，運用天然酵種製作的鄉村麵包（第 119 頁）有更長的賞味期，變成老麵包後品質也更好。陳放以後，這種麵包會變得很硬（咬了牙齒會斷掉），但不會發霉，也不會走味。

義大利人會把剩餘的麵包（修下來的邊或是沒即時吃完的）用密封袋裝起來，丟進冷凍庫，可以保存好幾個月。若要製作調味麵包屑，可以在食物調理機裝上金屬葉片，將老麵包和迷迭香與／和鼠尾草、黑胡椒與一撮肉豆蔻（選用）一起放進去打到想要的大小（若要製作原味麵包屑則省略香料）。淋上少許橄欖油，然後將麵包屑放入平底鍋裡慢慢烤到金黃，再用來填入全魚、撒在烤好的刺苞菜薊（第 176 頁）和其他蔬菜上，也可以當作肉丸和肉塊的增量劑，或是拌入義式麵食享用。

麵包是世界上最重要的食物。
義大利有句俗諺，在形容一個人是好人的時候，
會說「È BUONO COME IL PANE!」
（這人跟麵包一樣好！）

粗磨麵包屑

小圓片麵包

細麵包屑

麵包丁

義大利人運用老麵包的方法

鹹麵包布丁 （sformato di pane）	用牛奶把老麵包泡軟。取出泡軟的麵包（不要擰乾），把幾片放在抹了食用油和奶油的烤盤底部（玻璃烤盤有助於判斷烘烤程度）。在麵包上放少許炒到上色的洋蔥、磨碎的風提那乳酪、以及磨碎的帕馬森乳酪和格拉納帕達諾乳酪。以鹽和胡椒調味。放上另一層泡過的麵包片，繼續以同樣的順序層層堆疊，直到把所有麵包片用完為止。撒上大量磨碎的乳酪，放入預熱 200°C 的烤箱裡烘烤到表面上色且底部沒有液體殘留的程度，約需 30 分鐘至 1 小時。烘烤時間按麵包量、牛奶量、烤盤大小與其他因素而定。烤好後靜置 10 分鐘再端上桌。
義式麵包湯 （pancotto）	取一只湯鍋，以特級冷壓初榨橄欖油將幾個去皮大蒜爆香上色，然後加入清水、一塊帕馬森乳酪和格拉納帕達諾乳酪的邊、鹽與胡椒，熬煮約 10 分鐘。加入撕成大塊的老麵包，繼續烹煮並不時攪拌，直到麵包散掉。取出乳酪邊。稍微將雞蛋打散，雞蛋份量以每人 1 個計算，將蛋液打入已離火的鍋子裡。打入大量切碎的扁葉巴西里以及一些奶油。
義式麵包團子 （canederli）	將老麵包切成小丁（邊長約 0.6 公分），拌入能夠淹過麵包的打散蛋液和牛奶。靜置兩小時，然後加入切碎的風乾煙燻火腿、扁葉巴西里末、肉豆蔻粉、鹽與胡椒。加入足量麵粉，做成用手掌捏起來可以成團的溼潤混合物。雙手沾溼，將麵團以搓肉丸的方式揉成直徑 7.5~10 公分的圓球狀。將麵包團子放入沸水或沸騰高湯裡烹煮到浮上水面，上菜時搭配磨碎的乳酪或是用來煮麵包團子的清湯。
老麵包水果蛋糕 （pinza 或稱 macafame）	這種甜點介於蛋糕和麵包之間，不過，這道來自維內托地區的料理在當地並不被視為甜點，口味也不是非常甜。製作時，先用牛奶將老麵包泡軟，然後把麵包弄碎。加入少量粗磨玉米粉，攪拌均勻。拌入砂糖、松子、葡萄乾、切碎的無花果乾、茴香籽粉、少許格拉帕酒（grappa）、一小匙香草精、以及一個去皮去核後切丁的蘋果。拌入足量稍微打散的蛋液，以溼潤混合物，不過這混合物並不是真正的麵糊。將混合物移入蛋糕模（混合物填入後至少要有 5 公分高，因此需按照混合物的量來選擇蛋糕模尺寸），放入預熱 177°C 的烤箱裡烘烤，烤至用手指輕壓表面會回彈的程度，約需 1 小時。完全放涼以後再端上桌。
巧克力麵包蛋糕 （turta de michelac）	老麵包放在牛奶裡浸泡一整晚，讓老麵包軟化。將捏碎的麵包和可可粉、糖、壓碎的杏仁圓餅（amaretti）、香草精、磨碎的檸檬皮、葡萄乾、融化的奶油與一撮鹽一起混合均勻成質地很稀的蛋糕糊。如果蛋糕糊太乾，可以加入少許牛奶；如果太稀，則額外加入少量杏仁圓餅。蛋糕糊的顏色應該是深棕色；如果顏色太淺，則再加入少量可可粉。將蛋糕糊移到抹了奶油的蛋糕模裡。傳統上會把額外的松子在蛋糕表面排成花的形狀。放入預熱 180°C 的烤箱，烤至測試工具插進蛋糕中央拔出來時沒有沾黏，約需 30 分鐘。放入冰箱冷藏，冰涼上桌。

帕沙特里麵湯

PASSATELLI IN BRODO

6 人份第一道主食　　　　　　　　　　　　　　艾米利亞－羅馬涅 Emilia-Romagna

1.5 公升閹雞高湯（參考第 72 頁）或牛肉高湯

⅔ 杯磨碎的格拉納帕達諾乳酪或帕馬森乳酪，並額外準備搭配上桌的份量

1½ 杯原味細麵包屑（參考第 134 頁）

1 個檸檬的磨碎檸檬皮

0.5 小匙肉豆蔻粉

2 個大雞蛋，稍微打散

　　在義大利，你可以買到一種特別的食物研磨器，專門用來製作一種用麵包屑壓成的麵條，也就是帕沙特里（passatelli），若沒有這種工具，就用大孔徑的馬鈴薯壓碎器取代。如果喜歡比較粗的麵條，也可以用手搓滾，先將麵團做成約 0.6 公分粗的繩狀，然後再切成麵條。手搓麵條的烹煮時間約為 5 分鐘。傳統上，這種麵條通常搭配閹雞高湯或牛肉高湯，不過，搭配雞高湯一樣也很好吃。

・將高湯放在大鍋裡加熱至沸騰。

・取一只碗，放入乳酪、麵包屑、檸檬皮與肉豆蔻，將材料混合均勻。在混合物的中央挖一個洞，加入蛋液。以手將材料完全混合均勻。麵團應該是溼潤但扎實的，可能會需要額外加入麵包屑或少許清水以達到理想的質地。

・將大約一半份量的麵團放在裝了大孔徑零件的馬鈴薯壓碎器裡。將麵團壓過去，把麵條擠出來。在擠出長度約 7.5 公分時，將麵條切斷，讓麵條直接落在沸騰的高湯裡。以同樣的方式處理剩餘的麵團。

・輕輕攪拌帕沙特里，煮至麵條浮上表面，約需 2 分鐘。將高湯和麵條一起舀到個別湯碗裡，和額外磨碎的乳酪一起端上桌。

托斯卡尼麵包沙拉

PANZANELLA

4 人份第一道主食或配菜　　　　　　　　　　　　　　　　托斯卡尼 Toscana

---

1 個紅洋蔥，切半後切成細絲

約 227 公克老鄉村麵包（參考第 119 頁）或其他類似的老麵包

5 個熟番茄，去籽

1 大匙紅酒醋

3 大匙特級冷壓初榨橄欖油

細海鹽，用量依喜好

現磨黑胡椒，用量依喜好

1 條小黃瓜

¼ 杯去籽黑橄欖與綠橄欖

12 片新鮮甜羅勒葉

　　不要被「將麵包泡在水裡」的步驟嚇到了，如果你用的是品質優良的麵包，浸泡以後麵包不會爛掉，而是會變得溼潤有彈性。這道料理很隨興，可依喜好調整比例。如果想讓沙拉更有份量，也可以將其他種蔬菜、續隨子、甚至罐裝鮪魚都加進去。唯一不變的材料是熟番茄（可以混用各個品種的番茄以求達到最佳風味與色彩），以及被賦予新生命的老麵包。事實上，托斯卡尼麵包沙拉可以說是夏季的美食樂趣，它是一道簡單又美味的冷盤，要提早製作，讓重新泡開的麵包能有充分的時間吸滿番茄汁。

・準備沙拉時，先將洋蔥絲泡在水裡。這個步驟有助於減緩生洋蔥的辛辣口感。

・將麵包放在攪拌盆裡，加入能夠淹過的清水，放在一旁浸泡到麵包變軟。浸泡時間按麵包陳放度而定，也和麵包切成多大塊有關，放三天的麵包大約需 15 分鐘。

・同時，將番茄切塊，放入一只大沙拉碗裡。取一只小碗，將醋和橄欖油放在一起攪打，以鹽和胡椒調味，然後將一半的量淋在番茄上。翻拌均勻以後置於一旁備用。

・小黃瓜去皮、去籽後切塊，然後加入放了番茄的碗裡。加入橄欖，把甜羅勒葉撕碎放進去。洋蔥絲瀝乾後也加入碗裡。將所有材料拌勻。

・待麵包泡軟後，用手取出麵包，並把水分擰乾。將麵包撕成大塊，放在一只中碗裡。把剩餘的油醋醬淋在麵包上，翻拌均勻。將麵包加入蔬菜裡翻拌。品嚐並調整調味料用量（亦可依喜好加入更多橄欖油），然後將沙拉放在一旁，上桌前至少靜置 1 小時，至多 3 小時，期間偶爾翻拌。以涼爽室溫享用。

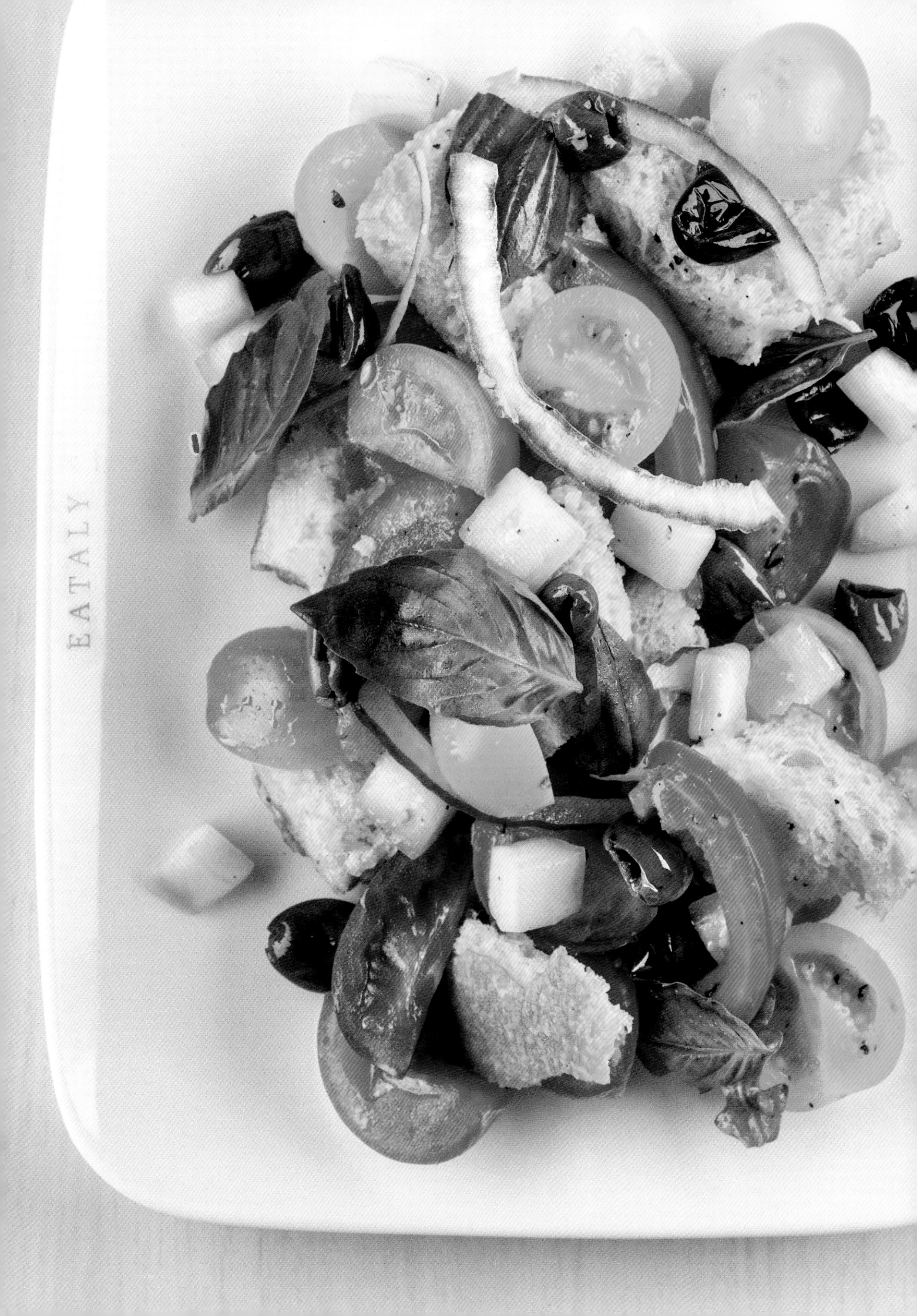
EATALY

番茄麵包湯

PAPPA COL POMODORO

4 人份第一道主食　　　　　　　　　　　　　　　　　托斯卡尼 Toscana

2 大匙特級冷壓初榨橄欖油，另準備額外份量盛盤時使用

1 個大洋蔥，切細絲

細海鹽，用量依喜好

3 瓣大蒜，切薄片

1 小匙辣椒粉

907 公克新鮮番茄，去皮去籽後略切（參考「重點筆記」）

2 枝新鮮甜羅勒的葉子

2 杯陳放一天的鄉村麵包丁（參考第119 頁）或其他類似老麵包，略切

現磨黑胡椒，用量依喜好

夏季色彩鮮豔、採自園子裡的新鮮番茄是這道湯品的主角，不過你也可以用四杯罐裝去皮整顆番茄來代替新鮮番茄，以便在「非當季」時做出這道料理。麵包在這道湯裡會有些融化，讓湯變得濃稠，如果偏好質地較滑順的湯，可以在加入麵包以後把湯打成泥狀。沒趁熱吃完的番茄麵包湯，放涼後以室溫享用也非常美味。在 1960 年代，義大利女歌手麗塔·帕沃內曾以這道湯為題，寫了一首非常受歡迎的歌曲《Viva la Pappa col Pomodoro》（萬歲，番茄麵包湯）。

· 將 2 大匙橄欖油放入一只大鍋內，以中大火加熱。加入洋蔥絲，以鹽調味，繼續翻炒幾分鐘，待洋蔥轉透明。加入蒜片與辣椒粉，繼續翻炒至香味飄出，約需 1~2 分鐘。

· 加入番茄與甜羅勒。翻拌均勻。把湯加熱到沸騰，然後將水調小，讓鍋內保持微滾，繼續熬煮到稍微變稠，約需 30 分鐘。

· 用手持式均質機將鍋裡的湯打成泥。加入麵包，待湯恢復微滾後，偶爾攪拌。品嚐，若有必要可加入額外的鹽與胡椒調味。嚐一下麵包，確認麵包是否已經夠軟。若麵包還不夠軟，則再靜置 5~10 分鐘。

· 上桌時，將湯舀到個別湯碗內，並額外淋上大量橄欖油。

重點筆記：要替新鮮番茄去皮，可以將一鍋清水煮沸，並準備一大盆冰水。在每一個番茄的底部用刀劃十字。將番茄放到沸水中 30 秒，然後用漏勺取出並放進冰水裡。若有必要，可以分批操作。等到番茄溫度降到可以徒手處理的程度，應該就可以輕鬆地將皮撕掉。

義式牛肉丸

POLPETTINE DI PUNTA DI PETTO DI MANZO

6~8 人份主菜

半杯細麵包屑（參考第 134 頁）

半杯全脂牛奶

907 公克牛前胸絞肉

半杯磨碎的帕馬森乳酪

半杯磨碎的羅馬羊乳酪

1 大匙蒜末

1.5 小匙細海鹽

¼ 小匙細磨黑胡椒

¼ 杯新鮮扁葉巴西里末

1 個大雞蛋

1 個蛋黃

　　Eataly 喜歡以燒烤的方式烹調這種肉丸，也可以在平底鍋裡放入少量橄欖油，把肉丸放進去煎熟。這種肉丸非常溼潤，可以單獨享用，如果想搭配醬汁，可製作第 30 頁的番茄醬汁一起上桌。

・將烤箱預熱 190°C。

・將麵包屑和牛奶放入大碗內浸泡 5 分鐘，然後在碗裡加入絞肉、兩種乳酪、鹽、胡椒與巴西里。將雞蛋和蛋黃放在一起稍微打散後加入。拌入 ¼ 杯清水，用手將所有材料混合均勻。

・用手將混合好的絞肉揉成直徑約 4 公分的肉丸。將肉丸放在烤盤裡，平鋪成一層。

・將肉丸放入烤箱烘烤到上色，期間翻面一次，烘烤時間約 20~30 分鐘左右。用夾子將肉丸移到大餐盤上，取出時先讓少許油脂滴回烤盤裡。趁熱上桌。

五穀雜糧

CEREALI

　　義式麵食可以說是義大利最著名的第一道主食，不過米飯對義式料理也同樣重要，北義大利尤其如此。在文藝復興時期，倫巴底地區的沼澤被開發成稻田，自此以後，稻米就在米蘭料理中扮演著重要的角色，其中又以番紅花燉飯最具代表性。米飯也常見於維內托地區，例如豌豆煨飯（risi e bisi）以及多種湯品。除了稻米，麥仁與大麥等粗糧也是義大利人常種植的穀物。此外，「法羅小麥」（farro，由斯佩爾特小麥、二粒小麥與一粒小麥組成）這種從伊特拉斯坎文明（Estruscan civilization）時期就開始被當成食物享用的小麥，除了完整烹煮外，也磨成粉使用。在義大利，玉米通常以玉米糕的形式出現，類似的食品還有蕎麥糕（polenta taragna）。雖然蕎麥不算是穀物，但通常被歸類到穀物。蕎麥粉可以用來製作美味的義式蕎麥麵（pizzoccheri），這種蕎麥麵常見於瓦特林納，通常和馬鈴薯、甘藍菜與產於阿爾卑斯山地區的乳酪做成雜燉。薩丁尼亞珍珠麵（fregola）雖然可以說是一種義式麵食，但是從大小和形狀來看都比較像穀物，烹煮方式也和穀物類似。

義大利的米飯

義式燉飯的標準作法，是使用義大利短粒米。煮燉飯用的米不要淘洗，因為米粒釋出的澱粉是燉飯濃滑質地的功臣。以下是四種義大利最常見的米：

阿伯里歐品種（Arborio） 以北義皮埃蒙特地區的一個城鎮命名	阿伯里歐是一種飽滿的短粒米，澱粉含量比其他品種米都來得高，非常適合用來煮燉飯。它也適合用於米粒必須維持形狀的料理中。
卡納羅利品種（Carnaroli） 一種穀粒飽滿的義大利短粒白米，以皮埃蒙特地區與倫巴底地區為主要產地	卡納羅利的米粒比其他義大利白米品種來得大，不過在烹煮以後仍然能保有滑順的質地與扎實的口感。卡納羅利米的價格通常比其他品種米高，不過用它來煮燉飯比較不容易失手，因為它很能吸收液體，也較容易達到彈牙的質地。
維亞隆內納諾品種（Vialone Nano） 一種在維內托地區非常受歡迎的中級米	這種米的分級之所以落在中級，並不是因為它的品質，而是因為形狀。其米粒比較短胖，黏度比卡納羅利米還低。這些特質讓維亞隆內納諾米在烹煮時能夠吸收大量醬汁而膨脹，並且能做出質地更滑稠、能在盤子上流動的燉飯。它適合用來烹煮維內托地區極受歡迎的海鮮燉飯。
原始品種（Originario） 穀粒圓，適合煮湯	這種渾圓、珍珠般的小粒米能夠吸入調味料的味道。在過去，原始品種也曾被用來烹煮燉飯，不過它實際上更適合用來製作以米飯為材料的甜點。

杜蘭小麥粉（*semolino*）

薩丁尼亞珍珠麵
（*fregola*）

阿伯里歐品種米（*Arborio*）

品質標誌

義式燉飯只能用特定的義大利品種短米
來烹煮。其他種米都無法釋出充分的澱
粉，因此做不出好吃的燉飯。

維亞隆內納諾品種米
（*Vialone Nano*）

粗磨玉米粉（*polenta*）

卡納羅利品種米
（*Carnaroli*）

法羅小麥（*farro*）

卡納羅利糙米
（*Carnaroli integrale*）

黑米（*riso venere*）

綜合烤蔬菜小麥沙拉

VERDURE ALLA PIASTRA CON FARRO

8 人份第一道主食或 4 人份輕食主菜　　　　　　　　　　托斯卡尼 Toscana

3 瓣大蒜

¾ 杯特級冷壓初榨橄欖油

半杯法羅小麥

細海鹽，用量依喜好

1 小株紅菊苣，切成長條狀

¼ 杯大略切碎的菊苣

2 大匙紅酒醋

2 大匙氣泡水

¼ 小匙乾燥的甜羅勒葉

¼ 小匙乾燥的奧勒岡

半把甘藍菜苗，切碎

1 條櫛瓜

1 個大紅洋蔥

4~6 個小蕪菁

1 個甜紅椒

227 公克抱子甘藍，切半

¼ 杯青蔥末

¼ 杯烘烤過的松子

　　義大利文「piastra」是指能夠把蔬菜烤出漂亮顏色的鐵板烤架或烤盤。保養得當的鑄鐵平底鍋也是很好的替代品，這道沙拉也可以用一般的平底鍋來準備。可提早一、兩天把法羅小麥和蔬菜都準備好，所以這道菜是辦 Buffet 時的絕佳選擇。法羅小麥能增加這道菜的飽足感，不過蔬菜才是真正的主角。

・將大蒜放入一只小單柄鍋內，倒入 ¼ 杯橄欖油。鍋子應該要小到讓橄欖油能夠淹過大蒜，如果沒有淹過，則再加入少許橄欖油。將鍋子放在小火上，慢慢將大蒜煎到非常軟，約需 1 小時。若有迷你食物調理機，可將大蒜和橄欖油打成濃稠的糊狀，也可以用叉子來操作。

・同時，將法羅小麥放在一只乾的中型單柄鍋內，以中火加熱。烹煮時偶爾搖晃鍋身，烘到小麥開始發出香味，約需 5 分鐘。加入 3 杯清水，以鹽調味，水煮沸後，將火調小讓鍋內保持微滾，繼續將小麥煮到彈牙，約需 30 分鐘。將法羅小麥瀝乾，再移到一只碗裡；一旁靜置。

・等到小麥放涼，將紅菊苣與菊苣加進去翻拌。取一只小碗，倒入醋、氣泡水、¼ 杯橄欖油與乾燥的甜羅勒和奧勒岡攪打均勻。以鹽調味。將醬汁和小麥混合物拌勻，一旁備用。

・煮沸一鍋加鹽清水，放入甘藍菜苗川燙至軟。菜葉撈出以後立刻放進冷水中浸泡一下後，取出瀝乾，一旁備用。

・將櫛瓜、洋蔥與蕪菁切成厚片。甜椒去核去籽後亦切成厚片。將櫛瓜、洋蔥、蕪菁、甜椒、甘藍菜苗與抱子甘藍放入一只碗內。淋上剩餘的 ¼ 杯橄欖油，以鹽和胡椒調味，翻拌均勻。

・將一只鑄鐵烤盤或平底鍋放在大火上，加熱到水滴在鍋底會發出嘶嘶聲為止。煎蔬菜，期間翻面一次，直到蔬菜稍微變軟且外緣上色，每一面約需 3 分鐘。分批操作，以免鍋內太擠，這個步驟是要煎封或烤蔬菜，而不是煸炒。

・將煮熟的蔬菜取出，和大蒜泥拌勻。

・上桌前，將一份處理好的法羅小麥放在一只餐盤中央，然後把烤蔬菜放在小麥周圍和上面。撒上松子。室溫上桌。

145

烤玉米糕佐百菇醬

POLENTA ALLA GRIGLIA CON RAGÙ DI FUNGHI

4 人份第一道主食 　　　　　弗留利－威尼西亞朱利亞 Friuli-Venezia Giulia、
倫巴底 Lombardia、皮埃蒙特 Piemonte、維內托 Veneto

---

1 杯玉米粉，粗細不拘

細海鹽，用量依喜好

14 公克（不壓緊約半杯）乾牛肝菌

約 1 公斤綜合菇蕈

¼ 杯特級冷壓初榨橄欖油，另外準備一些刷在玉米糕上

4 大匙（半條）無鹽奶油

6 個中珠蔥，切末

1 杯黃洋蔥末

約 3 杯蔬菜高湯

3 枝新鮮百里香的葉子，切末

1 枝新鮮迷迭香的葉子，切末

1 枝帶有 4 片大葉的新鮮鼠尾草，切末

⅓ 杯濃縮番茄糊

1 杯不甜的瑪薩拉酒（Marsala）

現磨黑胡椒，用量依喜好

最後裝飾用的巴西里末

　　這道食譜可利用放涼後切成長方形和三角形的玉米糕燒烤而成，也可以按個人偏好跳過燒烤的步驟，直接將剛做好的玉米糕熱騰騰地端上桌，只要將玉米糕舀到餐盤裡，直接把醬汁淋在玉米糕上面即可。如果選擇燒烤玉米糕，則需提早將玉米糕做好，待其涼透以後切片。也可以提早把醬汁做好，醬汁可放在冰箱裡冷藏保存一週，或是冷凍保存數個月。玉米糕適合搭配各式各樣飽足感十足的醬汁與烤肉。

・用鹽水將玉米糕煮熟（參考第 148 頁）。將煮好的玉米糕倒在木板或烤盤上，讓玉米糕形成高度約 2 公分的長方形。用刮刀將玉米糕的表面抹平，讓玉米糕完全冷卻。

・以溫水將乾牛肝菌泡軟，約需 20 分鐘。將泡軟的牛肝菌擠乾，切成寬度約 0.6 公分的小塊。用紗布和咖啡濾紙過濾泡菇水至一只碗中，將碗放在溫暖的地方保溫。

・將新鮮菇蕈洗乾淨後修整，切成寬度小於 0.6 公分的切片。

・將橄欖油與奶油放在大平底鍋內，以中火加熱。奶油融化以後，加入珠蔥與洋蔥，稍微以鹽調味並翻拌均勻。慢慢把火調大，直到洋蔥開始發出嘶嘶聲，期間經常翻拌，炒到洋蔥與珠蔥變軟、外觀油亮但尚未上色的程度，約需 6 分鐘。

・同時，將高湯放在一只小單柄鍋內加熱至沸騰，然後將火調小，讓鍋內保持微滾狀態。

・將泡好的牛肝菌與新鮮菇蕈一起放入平底鍋內，和洋蔥一起翻拌均勻。撒上少許額外的鹽，再加入百里香、迷迭香與鼠尾草，稍微翻拌後把火轉大，然後蓋上鍋蓋。不時搖晃鍋身，直到鍋內菇蕈出水，約需 3 分鐘。

・打開鍋蓋，繼續以中大火烹煮，期間頻繁翻拌，讓菇蕈慢慢萎縮並讓液體揮發，約需繼續烹煮 5 分鐘。

・液體完全蒸發且菇蕈開始上色後，在鍋裡清出一個空間加入番茄糊，熬煮翻攪約 1 分鐘，再把番茄糊和菇蕈拌勻。

· 等到醬汁發出嘶嘶聲並上色，在開始收乾變稠之前將瑪薩拉酒均勻地淋上去。過程中應持續攪拌。

· 等到菇蕈再次開始黏鍋，倒入溫熱的泡菇水和約 2 杯熱高湯，加熱至大滾，把鍋底焦糖化的部分刮起來。將火調小，讓醬汁保持微滾，然後蓋上鍋蓋。烹煮約 20 分鐘，期間偶爾翻拌並加入少量高湯，使液體維持在幾乎淹過菇蕈的程度。可能不會用到所有高湯。調整爐火，繼續讓醬汁保持微滾，而非大滾。

· 打開鍋蓋並繼續熬煮，保持微滾並加入高湯（如果高湯用完了，則加入清水），直到菇蕈完全變軟，醬汁變稠但還有流動性的程度，約需 20 分鐘。品嚐，若有必要可加鹽，並依喜好加入胡椒。

· 上桌前，將玉米糕切成長方形和三角形，在玉米糕表面稍微刷點橄欖油，然後放在已加熱的戶外烤爐或有凹槽的烤盤裡，用夾子翻面，烤到表面變酥脆且出現烤痕，每一面約需 4~5 分鐘。

· 將烤好的玉米糕放在個別餐盤上，淋上溫熱的醬汁，撒上巴西里末後立刻端上桌。

義大利人料理玉米糕的方式

傳統的義式玉米糕是用一種叫做「paiolo」的特製銅釜來煮製，期間必須要不停地攪拌 1 小時以上，煮好的玉米糕會被倒在木板上。這是個令人喜愛、儀式般的程序，只不過煮完玉米糕以後手真的很痠，於是我們稍微改良了一下，想出一種新方法。經義大利人證實，用新方法所製作出來的玉米糕，吃起來和傳統的玉米糕一模一樣。

將清水放入琺瑯鑄鐵鍋或其他厚重鍋具內煮沸，玉米粉和清水的比例為 1：4。水煮沸後加鹽，並將火調降讓鍋內保持微滾。一邊持續攪拌鹽水，一邊以非常緩慢的方式把玉米粉慢慢加進去，讓玉米粉從指縫間慢慢地以細流方式落入水中，就好像每次只加入一粒玉米的量。如果發現結塊，將結塊的部分往鍋子側面壓碎。待玉米粉完全加入，玉米糊完全滑順且混合均勻、表面沒有清水時，轉成小火，繼續以開蓋的方式煮玉米糊。玉米糊的表面會開始形成一層厚厚的膜。將玉米糊煮到非常濃稠，看起來就像在冒泡的岩漿，而且吃起來沒有生粉味，若使用細磨玉米粉約需 45 分鐘，中度研磨玉米粉約 1 小時，粗磨玉米粉則要 1 小時 20 分鐘。過程中偶爾檢查厚膜底下的玉米糕，測試熟度，不過不要太頻繁地攪動，因為玉米糕就是在那一層厚膜底下蒸煮。如果偏好傳統手法，則在玉米糕完全滑順後，仍然持續不斷地攪拌。

義大利人烹煮燉飯的方式

煮燉飯的時候，將高湯放到小鍋裡加熱至沸騰，然後將爐火轉小，讓高湯維持在微滾狀態。取一只深平底鍋，在鍋內放入少量橄欖油與洋蔥末，以小火炒到洋蔥開始上色，約需 5 分鐘。燉飯米下鍋翻炒，持續用木匙攪拌約 3 分鐘。以鹽調味。燉飯必須早一點放鹽，鹹味才能滲入米粒中；否則完成的燉飯將淡而無味。

一旦米粒開始黏鍋，加入約半杯白酒繼續烹煮，持續翻炒至液體完全蒸發。此時，加入約半杯溫熱高湯。一邊烹煮，一邊繼續加入少量高湯，在每次加高湯之間應該持續翻拌。隨著烹煮時間愈來愈長，每次加入的高湯應該慢慢減少。在加入高湯之前，應該等到前次加入的高湯完全被吸收，再加入新高湯。要判斷加高湯的時機，可以用木匙在鍋底劃一道，如果立刻有液體流入木匙劃開的小溝裡，表示液體仍然太多；如果鍋底是乾的，則可以加入更多高湯。

待米粒煮到彈牙，就可以加入最後一次的高湯、幾大匙奶油與磨碎的帕馬森乳酪或格拉納帕達諾乳酪，翻拌至融化，然後蓋上鍋蓋靜置幾分鐘。和額外的磨碎乳酪一起端上桌。這款燉飯可以作為基底，適合用來搭配幾乎所有你喜歡的佐料，非常美妙。以下舉例說明：

蘑菇燉飯 （risotto coi funghi）	燉飯米下鍋前，先將切片的蘑菇與洋蔥一起炒軟。
番紅花櫛瓜花燉飯 （risotto con zafferano e fiori di zucca）	將一撮番紅花放在小鍋內，以小火烘烤。將番紅花弄碎並加入少量溫水。待米幾乎煮熟時，把番紅花液和最後一次的高湯一起加入鍋中。待燉飯煮好，拌入切絲的櫛瓜花。
春季燉飯 （risotto primavera）	用兩根青蔥代替黃洋蔥來翻炒切碎的蘆筍、豌豆與青蒜（春季的新鮮大蒜，外觀類似青蔥，通常在晒過以後才會變成我們平時熟悉的蒜頭）。用新鮮巴西里末來裝飾煮好的燉飯。
蝦仁龍蒿燉飯 （risotto ai gamberi con dragoncello）	以烹煮燉飯的深平底鍋將蝦仁（大小不拘）炒到變得不透明（約需 1 分鐘），然後將蝦仁放在一旁備用。用青蔥末代替黃洋蔥。這款燉飯適合用以蝦殼製備的高湯，或是雞高湯來燉煮。在加入酒之後、開始加高湯之前，淋上少許新鮮檸檬汁，而在米飯幾乎煮好時，加入一些磨碎的檸檬皮，省略乳酪。將切碎的龍蒿葉與炒好的蝦仁拌入煮好的燉飯中，然後把燉飯放在一旁靜置幾分鐘再端上桌。

羅馬炸飯團

SUPPLÌ AL TELEFONO

約 20 個   拉吉歐 Lazio

---

1 公升牛肉高湯

2 大匙特級冷壓初榨橄欖油

1 個黃洋蔥，切末

細海鹽，用量依喜好

現磨黑胡椒，用量依喜好

2 杯燉飯米（參考第 142 頁）

1 杯磨碎的帕馬森乳酪或格拉納帕達諾乳酪

2 個大雞蛋

1½ 杯原味細麵包屑（參考第 134 頁）

227 公克莫札瑞拉乳酪，切丁

油炸用的植物油

這種來自拉吉歐地區的炸飯團，與西西里島炸飯糰很類似，不過這話千萬不能對這兩個地區的居民說，不然他們絕對會開始滔滔不絕地說明兩者有多大的不同。這道料理的義大利名稱為「supplì al telefono」，其中「al telefono」指「電話式」，是因為飯團裡包的莫札瑞拉乳酪在油炸以後拉開來會牽絲，看起來就像電話線。羅馬炸飯團原本是一道用剩下的米飯製作的簡單點心（也可以用剩下的燉飯來製作），不過演變至今，它常常被當成便餐的開胃菜。可以提早一、兩天把米飯準備好，然後放入冰箱冷藏，炸飯團一定要現炸現吃。

· 將高湯放入小鍋內加熱至沸騰，然後將火調小，讓鍋內保持微滾。在一只烤盤裡鋪上烘焙紙，一旁備用。

· 取一只大平底鍋，倒入橄欖油並以中火加熱。放入洋蔥，翻炒到洋蔥變軟並轉金黃色，約需 6 分鐘。依喜好以鹽和胡椒調味。

· 放入燉飯米，翻拌均勻，然後將火調小，保持鍋中微滾。繼續燉煮並不停翻拌，每次加入少量高湯，與煮基本燉飯的方式一樣（參考第 149 頁）。煮到米心全熟但仍然彈牙的程度，約需 15~20 分鐘，視實際狀況而定。煮好的米飯應該比燉飯硬一點，也更乾一點。可能不需要用到所有的高湯。

· 鍋子離火，拌入磨碎的乳酪。將煮好的米飯平鋪在準備好的烤盤上，讓米飯降溫到可以徒手操作的程度。

· 一旦米飯變涼，就把米飯分成 20 等份，每份大約雞蛋大小。取一只淺碗，放入雞蛋打散。將麵包屑放在另一只淺碗內。

· 雙手沾溼，將一份米飯放在掌間搓成球狀。將大拇指往球的中心插進去，然後把 2 或 3 塊莫札瑞拉乳酪放進洞裡，再用手掌把洞包合起來，稍微捏成橢圓形。米飯應該要將莫札瑞拉乳酪完全包覆，從表面看不出來。接續捏完所有的飯團。過程中不時沾溼雙手，避免米飯黏手。

· 每次拿起一個飯團，依序沾上蛋液和麵包屑，一旁備用。

· 取一只鑄鐵深平底鍋，放入高度 2.5~5 公分的植物油，以中火加熱到油溫夠高但尚未冒煙的程度。油溫必須高到能夠讓飯團中央的乳酪融化，卻又不能把米飯燒焦。若有必要，可分批油炸，避免鍋內太擁擠。將飯團放入平底鍋裡，總共油炸約 5 分鐘，期間用漏勺撥動飯團，讓每一面都能均勻上色。

· 飯團炸好上色以後，用漏勺將飯團撈出來，放在紙巾上稍微瀝油。趁溫熱上桌。

FRUTTA E VERDURA

水果與蔬菜

注意！媽媽永遠是對的。
多吃蔬菜有益健康。
新鮮的蔬菜滋味美妙。

水果

FRUTTA

　　水果在義大利是最常見的飯後點心。每當午餐與晚餐來到尾聲，每個義大利家庭的餐桌上都會出現一個塞滿各種新鮮水果的水果盆，讓餐桌上的每個人各自選出一個成熟的水果，自己動手削皮。在義大利，大部分水果都是削皮吃，雖然在有機農法愈形普遍之際，削皮的必要性愈來愈低。如果是大體積的水果，也會切成四瓣再享用。水果也常入菜，尤其適合搭配野味，也經常用來製作簡單的家庭式甜點。

義式家常水果甜點

綜合莓果 （frutti di bosco）	在整粒黑莓、藍莓、覆盆子或去蒂切片的草莓上撒砂糖（也可以使用兩種以上的莓果），輕輕翻拌，讓莓果在室溫環境或冰箱裡醃漬至少 2 小時再端上桌。
什錦水果沙拉 （Macedonia）	將蘋果、梨子、奇異果、哈密瓜、鳳梨、香蕉與任何其他成熟的水果切成約 1 公分小塊。將切好的水果放入一只大碗內，撒上砂糖與大量檸檬汁後拌勻。品嚐並調整砂糖與檸檬汁的用量。
烤蘋果 （mele cotte）	將烤箱預熱190℃。蘋果去核但保持完整。將蘋果密排放在烤盤裡，撒上砂糖與肉桂粉。從烤盤邊緣倒入 5 公分高的清水。將烤盤放入烤箱，烘烤到蘋果變軟變塌。
糖漬西洋梨 （pere sciroppate）	將清水和砂糖（或蜂蜜）放在一只小單柄鍋內混合均勻，熬煮到砂糖溶解。西洋梨切成四瓣並去皮去核，和香草莢一起放入糖漿中。熬煮到西洋梨變軟。煮好後和糖漿一起存放。
鑲甜桃 （pesche ripiene）	桃子切半去核（不要削皮），稍微挖出一點果肉。在食物調理機內裝上金屬刀，將杏仁小圓餅和挖出的果肉一起打碎。如果太乾，可以加入少許清水或酒。將打好的杏仁小圓餅填到桃子裡。如果桃子沒有很熟，可以放入預熱 180℃ 的烤箱裡烤到桃子變軟。

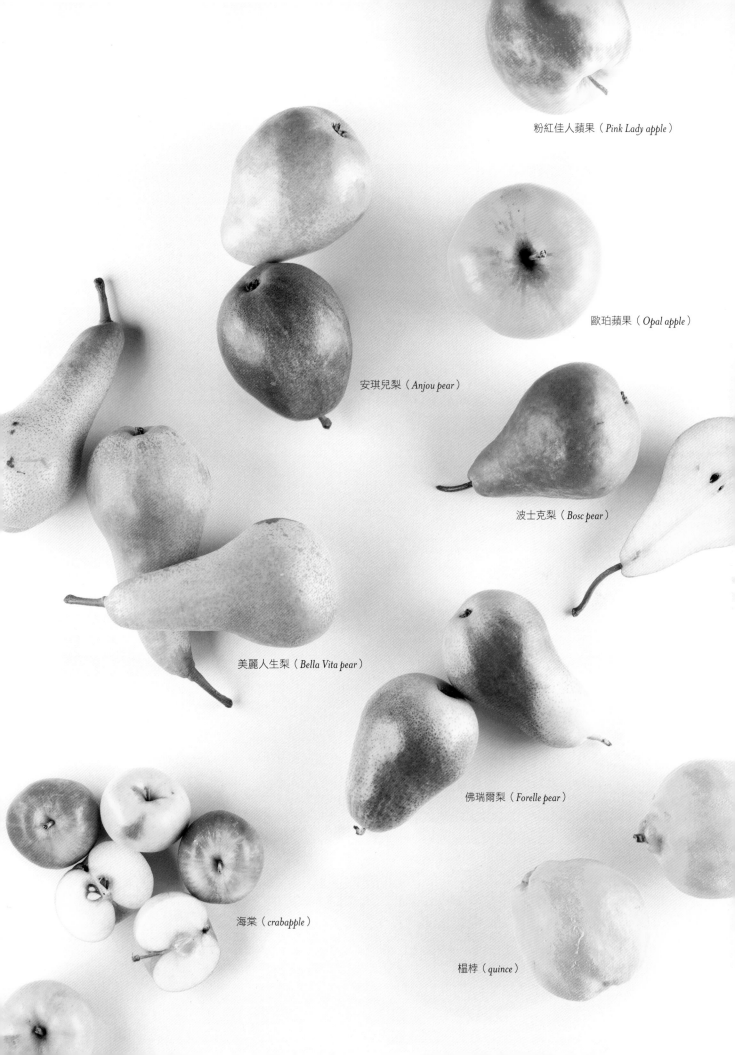

粉紅佳人蘋果（*Pink Lady apple*）

歐珀蘋果（*Opal apple*）

安琪兒梨（*Anjou pear*）

波士克梨（*Bosc pear*）

美麗人生梨（*Bella Vita pear*）

佛瑞爾梨（*Forelle pear*）

海棠（*crabapple*）

榲桲（*quince*）

柑橘茴香沙拉

INSALATA DI FINOCCHIO E AGRUMI

4 人份開胃菜或配菜   西西里島 Sicilia

2 個中型球莖茴香，修整好並保留葉子

1 顆血橙

1 顆葡萄柚

半個檸檬的檸檬汁

¼ 杯特級冷壓初榨橄欖油

細海鹽，用量依喜好

現磨白胡椒，用量依喜好

¼ 杯松子

　　淺綠色的球莖茴香是用途非常廣泛的蔬菜。生食的時候味如大茴香（onise），煮熟以後變得又軟又甜。製作沙拉時，應採用體型圓渾的球莖茴香，體形較細長者比較適合用來烹煮。若要將蔬菜切成紙般的薄片，蔬菜刨切器是很方便的工具。茴香的味道與醋不搭，不過適合搭配柑橘類水果。如果找不到產於西西里島的深紅色血橙，可以用臍橙代替。

· 將茴香切成薄片，可以使用蔬菜刨切器來處理，將切好的茴香放入一只沙拉碗中。

· 在攪拌盆裡架濾網。在濾網上替血橙與葡萄柚去皮切片，把流下來的果汁蒐集在碗裡。去掉留在濾網上的白髓、白膜與籽。

· 將葡萄柚與血橙切片加入放了茴香的沙拉碗裡。將檸檬汁加入保留下來的橙汁與葡萄柚汁裡。在果汁裡拌入橄欖油，並以鹽和白胡椒調味，淋在茴香與水果上，翻拌均勻。

· 取一只平底鍋，放入松子，以小火焙烤至散發出香味且顏色變金黃，約需 3 分鐘。將烤好的松子撒在沙拉上。用一些切碎的茴香葉裝飾，立刻端上桌。

香櫞（*etrog citron*）

粉紋檸檬（*pink striated lemon*）

四季桔（*mandarin orange kumquat*）

血橙（*blood orange*）

福壽金柑（*fukushu kumquat*）

溫州蜜柑
（*satsuma mandarin orange*）

紅肉臍橙（*Cara Cara orange*）

金橘（*kumquat*）

甜萊姆（*sweet lime*）

中國檸檬（*Meyer lemon*）

臍橙
（*heirloom navel orange*）

西洋梨蒙塔西歐乳酪燉飯

RISOTTO PERE E MONTASIO

6 人份第一道主食   維內托 Veneto

2 公升雞高湯或蔬菜高湯

4 大匙（半條）無鹽奶油

2 個中型珠蔥，切碎

2½ 杯燉飯米，最好使用維亞隆內納諾品種（參考第 142 頁）

細海鹽，用量依喜好

2 個波士克梨，去皮去核後切丁

半杯白酒

現磨黑胡椒，用量依喜好

⅔ 杯磨碎的蒙塔西歐乳酪

　　在義大利，西洋梨和乳酪經常搭配在一起上菜，因為兩者的風味互補，非常對味。甚至有句義大利俗諺說：「千萬不要讓農夫知道乳酪和西洋梨有多搭」，以免農夫把它們全留給自己享用。蒙塔西歐乳酪是一款產於維內托地區的牛乳酪，帶有堅果後味。波士克梨耐煮。這道食譜中，一開始就在鍋裡下了少許西洋梨，如此一來，這些西洋梨就會隨著米粒一起烹煮，變得入口即化。剩餘西洋梨則在烹煮步驟快要結束時下鍋，以保有些許脆脆的口感。如果你偏好完全將西洋梨煮軟或是全部保持脆脆的口感，也可以按照喜好調整作法。有關烹煮燉飯的技巧，可參考第 149 頁。

· 將高湯放入小鍋中加熱至微滾，然後將火調小，讓高湯保持微滾。

· 取一只深平底鍋，放入 2 大匙奶油，以小火加熱至融化。放入珠蔥，烹煮時頻繁用木匙翻拌，將珠蔥煮軟，約需 5 分鐘。小心不要讓珠蔥上色。

· 燉飯米下鍋，以鹽調味，翻炒米粒至米粒轉透明。拌入約一半量的西洋梨。倒入白酒繼續烹煮，翻炒到白酒幾乎完全被吸收。此時，當用木匙在鍋底劃線，應該只有少量液體會流到劃開的溝裡。

· 加入約 1 杯高湯。熬煮至高湯幾乎被米粒吸收，烹煮期間應頻繁翻拌。繼續以每次半杯的量加入高湯，並不停地翻拌，每次加高湯之前，應將鍋內液體煮到幾乎完全蒸發（運用上述木匙測試法），同時注意不要煮太乾，造成米粒黏鍋。待米粒釋出澱粉質，混合物變滑膩，約需 30 分鐘，此時就可以拌入剩餘的西洋梨。繼續烹煮到米飯變軟但咬起來仍然扎實的程度（可能不會用完所有高湯）。調整鹽用量，並以胡椒調味。

· 鍋子離火，拌入剩餘的 2 大匙奶油與磨碎的乳酪。蓋上鍋蓋並放在一旁靜置約 2 分鐘，便可趁熱端上桌。

蔬菜

VERDURE

　　對義大利料理來說，深色葉菜──甘藍菜苗、葉用甜菜、皺葉甘藍、托斯卡尼羽衣甘藍──是不可或缺的重要組成。菠菜約在一千年前從波斯傳入義大利，不過義大利人摘採綠葉蔬菜為食的歷史遠超過這個時間。直到今日，義大利人仍然享用著蒲公英葉、馬齒莧與各種野菜。這些蔬菜通常具有地域性，而且大多以方言稱呼。義大利人在料理蔬菜時，會儘量用上整個植株，如果莖比較硬，纖維比菜葉粗，例如葉用甜菜，則會把菜葉和莖分開處理，把莖煮久一點，稍後再讓菜葉下鍋。菜葉厚實且帶苦味者，例如甘藍菜苗與蒲公英，最好是先水煮再熘炒，以緩和過於強勁的味道。將菜葉放入沸騰鹽水中烹煮 4~5 分鐘，過濾後以冷水沖洗，擠乾後使用。

品質標誌

尋找適當熟度、沒有軟爛或損傷的蔬菜與水果。相對地，表面光滑有光澤的蔬果，通常都經過打蠟或噴上藥劑，最好避免之。

非當季蔬果通常無法讓人滿意，它們往往太早收成，而且經過長途運送。如果可能，應選擇當地產的季節水果。

水果若是能在購買的幾天內就吃完，大部分水果都可以室溫存放，不放冰箱冷藏會比較好。除了應該放在冷藏室的菇類，大部分蔬菜最好放在蔬果室，而番茄則是完全不應該進冰箱。

蔬菜讓人微笑。
我們怎麼可能不愛上這又好吃
又帶來好氣色的東西呢？

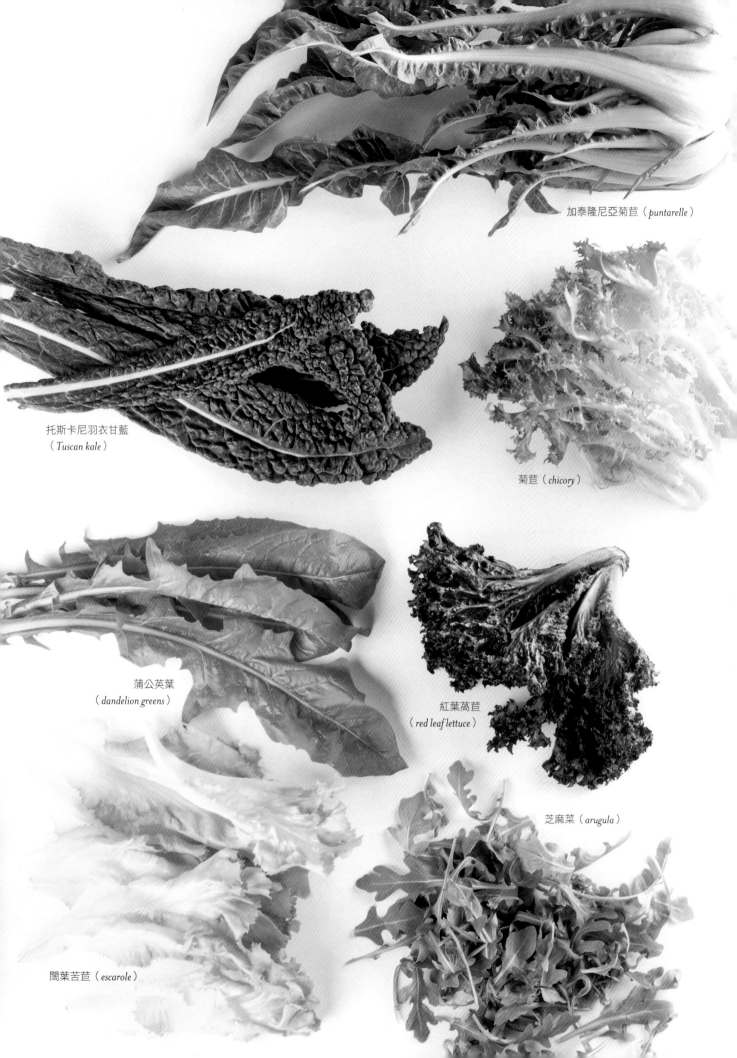

加泰隆尼亞菊苣（*puntarelle*）

托斯卡尼羽衣甘藍
（*Tuscan kale*）

菊苣（*chicory*）

蒲公英葉
（*dandelion greens*）

紅葉萵苣
（*red leaf lettuce*）

芝麻菜（*arugula*）

闊葉苦苣（*escarole*）

托斯卡尼蔬菜湯

RIBOLLITA

8 人份主菜   托斯卡尼 Toscana

---

1 把托斯卡尼羽衣甘藍

1 株皺葉甘藍

1 把葉用甜菜

2 個黃褐色馬鈴薯

3 條大胡蘿蔔

2 條櫛瓜

1 根西洋芹

2 根韭蔥的蔥白

2 瓣大蒜

2 杯煮熟的義大利白腰豆

3 大匙特級冷壓初榨橄欖油，另外準備一些盛盤時使用

0.5 小匙辣椒粉

2 杯罐裝整顆去皮番茄

1 片月桂葉

1 枝百里香的葉子

細海鹽，用量依喜好

1~2 杯切成邊長 5 公分的老麵包丁

義大利文「ribollita」意指「再沸騰」，意味著這道湯是用剩湯加入老麵包增稠而成，所以若是從無到有製作這道湯，好像有點不正統，不過也不減美味。它是一道非常濃稠的湯品，講究的人主張應該用叉子而非湯匙來享用。湯裡用了很多種材料，而且它就像大部分湯品一樣，很容易製作。

· 將羽衣甘藍、皺葉甘藍與葉用甜菜切成 5 公分長的條狀。替馬鈴薯與胡蘿蔔去皮。將櫛瓜與西洋芹切丁，韭蔥與大蒜切片。把約一半的義大利白腰豆打成泥，一旁備用。

· 將橄欖油、韭蔥與大蒜放入一只大湯鍋裡，用小火翻炒蔬菜，期間頻繁翻拌，將韭蔥和大蒜炒軟，小心不要上色，約需 5 分鐘。加入胡蘿蔔與西洋芹，繼續烹煮並頻繁翻拌，炒到蔬菜變軟但尚未上色，約需 8 分鐘。加入馬鈴薯與櫛瓜，繼續翻炒，將蔬菜炒到變軟但尚未上色，約需 8 分鐘。加入羽衣甘藍、皺葉甘藍與甜菜根葉，繼續翻炒至綠葉蔬菜變非常軟，約需 8 分鐘。拌入辣椒粉。

· 將番茄放在手裡捏碎，番茄與茄汁都加入鍋中（參考第 31 頁）。加入 2 公升清水、月桂葉與百里香，以及所有白腰豆。依喜好加鹽調味。

· 將鍋內食材加熱到沸騰，然後將火調小，讓鍋內保持微滾，熬煮至蔬菜變得非常軟，約需 30 分鐘。鍋子離火並取出月桂葉。

· 將麵包丁加入湯裡，熬煮至麵包散掉且湯變得非常濃稠，約需 10 分鐘。鍋子離火，讓湯靜置幾分鐘，然後舀入碗裡。上桌前，在每碗湯裡淋上大量特級冷壓初榨橄欖油。

紅苦苣（*red endive*）

晚熟特雷維索紅菊苣
（*tardive radicchio*）

斑葉菊苣
（*Castelfranco radicchio*）

苦苣（*endive*）

基奧賈紅菊苣
（*Chioggia radicchio*）

特雷維索紅菊苣（*trevisano radicchio*）

加泰隆尼亞菊苣沙拉

PUNTARELLE IN SALSA

4 人份配菜   拉吉歐 Lazio

---

1 株加泰隆尼亞菊苣

2 條鯷魚柳，洗淨

1 瓣大蒜

1 小匙辣椒粉

1 個蛋黃

¼ 杯新鮮檸檬汁

1 杯特級冷壓初榨橄欖油

細海鹽，用量依喜好

現磨黑胡椒，用量依喜好

　　加泰隆尼亞菊苣是菊苣的一個品種，有著狹長的矛形菜葉，味道清爽且口感鬆脆。這一道經典的羅馬沙拉，和大量使用肉類的羅馬式料理形成清新的對比。不要省略浸泡的步驟，因為它不但能濾掉一部分菊苣本身的苦味，也會讓菜葉蜷曲起來，別具特色。醬汁使用到生蛋黃，請視接受度調整。

‧準備一大碗冰水。將加泰隆尼亞菊苣外層深綠色的菜葉摘掉不用。將菊苣一小株一小株拆下來，縱切成 0.3 公分寬的長條，放入冰水中，至少浸泡 2 小時。

‧端上沙拉之前準備醬汁：在果汁機或裝上金屬葉片的食物調理機裡放入鯷魚柳、大蒜、辣椒粉、蛋黃以及約 ¾ 份量的檸檬汁。啟動機器攪打至大蒜與鯷魚都被切成細末。

‧在果汁機或食物調理機運轉之際，以細流方式慢慢倒入橄欖油。用鹽和胡椒調味，不過，在放調味料前先嚐一下，因為鯷魚本身可能就已經夠鹹。如果醬汁太濃稠，可加入剩餘的檸檬汁攪打以稀釋之。

‧將菊苣從冰水中取出，用紙巾完全拍乾。用鯷魚醬替菊苣調味（可能不會用上所有的鯷魚醬），翻拌均勻後立刻端上桌。

義大利人運用菠菜的方法

以冷水將菠菜洗淨，換水數次，直到洗菜盆底沒有泥沙殘留為止。取出菠菜，不需另外加水，利用附著在菠菜上的水分將菠菜煮到萎軟，約只需要 1~2 分鐘，菠菜的體積在烹煮以後會大幅縮小。將煮好的菠菜擠乾切碎可製作以下食譜，還有第 191 頁的義式烘蛋或第 55 頁的菠菜麵。

檸香菠菜 （Spinaci all'agro）	將少量橄欖油與大量新鮮檸檬汁淋在菠菜上，然後加入適量鹽與胡椒拌勻，室溫上菜。
蒜香菠菜 （Spinaci all'aglio）	用大量橄欖油將 2~4 瓣拍碎的大蒜爆香上色，然後放入菠菜，在中大火上翻拌到完全熱透。以鹽和胡椒調味，溫熱上桌。
菠菜佐松子葡萄乾 （Spinaci con uvetta e pinoli）	用少量溫水把黃金葡萄乾或黑葡萄乾泡開，瀝乾備用；焙炒松子。用奶油炒菠菜，然後加入葡萄乾與松子，翻炒幾分鐘後起鍋，並趁熱上桌。
菠菜煎餅 （Fritelle agli spinaci）	將菠菜切末，然後移到攪拌盆內，拌入一個雞蛋、一個切末的珠蔥、磨碎的格拉納乳酪（參考第 104 頁），以及 1~2 大匙麵粉。麵粉的量要控制好，否則會做出太稠的麵糊。在鑄鐵平底鍋或煎餅鍋裡刷上橄欖油，以中火加熱至鍋熱後，將幾匙麵糊舀到鍋裡。用湯匙背面稍微把鍋裡的麵糊壓平，煎到上色後翻面，需約 5 分鐘。如果煎餅在中央煮熟之前就已經上色，則將火調小一點。
菠菜可麗餅 （Crespelle agli spinaci）	將菠菜切末，加入瑞可達乳酪與切碎的義式熟火腿拌勻，以鹽和胡椒調味後靜置備用。做可麗餅麵糊，先將 1 杯牛奶和 2 個雞蛋打勻，一邊攪打一邊慢慢加入 ¾ 杯麵粉，將麵糊打到滑順且沒有結塊。可以使用手持式均質機；若有必要，可過濾麵糊以移除打不散的結塊。在麵糊裡加入少許鹽，若有時間，可將麵糊靜置一段時間，至多靜置 8 小時。準備要煎薄餅時，稍微在不沾鍋、煎餅鍋或鑄鐵平底鍋裡抹點油，以中火加熱至鍋熱後，加入少量麵糊，以直徑 20 公分的鍋子為例，約需 2 大匙，旋轉鍋身，讓鍋面均勻附上一層薄薄的麵糊。待薄餅邊緣上色，將薄餅翻面，把另一面煎熟。接續煎完所有的麵糊。在每一塊薄餅上面抹一些菠菜泥，然後將薄餅捲成圓筒狀。將捲好的薄餅並排在一只烤盤裡，接縫處朝下，上桌前烘烤或炙烤一下，把菠菜薄餅熱透。依喜好在烘烤或炙烤前撒上少許磨碎格拉納乳酪（參考第 104 頁）。

烤菊苣佐松子、
黑醋栗與帕馬森乳酪

CICORIE ALLA GRIGLIA

4 人份開胃菜或配菜

1 株闊葉苦苣

2 株苦苣

1 株基奧賈紅菊苣

¼ 杯松子

¼ 杯特級冷壓初榨橄欖油，若有必要可增加用量

細海鹽，用量依喜好

新鮮現磨黑胡椒，用量依喜好

¼ 杯黑醋栗

113 公克帕馬森乳酪，最好使用熟成 36 個月的乳酪

¼ 杯巴薩米克醋

　　菊苣家族的成員，包括闊葉苦苣、苦苣與紅菊苣，它們稍帶苦味，這種苦味可以透過燒烤的熱度來緩和一些。這道由多種菊苣構成的沙拉，可以是一頓很棒的輕食午餐。

・將闊葉苦苣切成 4 瓣，苦苣縱切成 2 瓣，紅菊苣切成 4 瓣。把松子放入平底鍋內焙炒至飄出香味且稍微上色，約需 3 分鐘，一旁備用。

・準備戶外烤爐，或是將烤盤放在大火上加熱。取一只大碗，將闊葉苦苣、苦苣、紅菊苣和橄欖油放入碗內拌勻，使蔬菜表面沾附上大量橄欖油，如果油量不足，可以多加一點。以鹽和胡椒替菊苣調味。將菊苣放在預熱好的烤盤上，切面朝下，烹煮時不要移動，直到表面有些炭化且稍微萎軟，約需 5 分鐘。將菊苣翻面，把沒有切的那一面烤軟，約需 3 分鐘。

・將菊苣從烤盤裡直接移到餐盤裡。在每個餐盤內撒上 1 大匙烤香的松子與 1 大匙黑醋栗，再用蔬菜削皮器直接將帕馬森乳酪在沙拉上方刨片。淋上巴薩米克醋，便可端上桌。

各式蔬菜

ORTAGGI

　　義大利人的正餐，通常都會包括一道由各種綠色蔬菜或其他蔬菜組成的沙拉。義大利人也非常依賴由胡蘿蔔末、洋蔥末和西洋芹末這三種蔬菜構成的「soffritto」，也就是能製作大多數醬汁與湯品基底的基礎綜合蔬菜末。最後，番茄當然也是義大利的代表性蔬菜，雖然番茄並不是一種蔬菜，而是水果，甚至也不是原產於義大利。番茄源自美洲，於十六世紀隨著許多其他食品如咖啡、巧克力、茄子與馬鈴薯等一起被帶回義大利。番茄適於保存（有關罐裝與瓶裝番茄產品的資訊可參考第 28 頁），不過新鮮成熟多汁的番茄是無可比擬的。義大利人只會在番茄的產季享受新鮮番茄，他們認為非產季期間出現的番茄，只是營養不良的仿冒品。其他在義大利受到歡迎的蔬菜包括朝鮮薊、花椰菜與青花菜，尤其是外形呈錐狀、原產於義大利、味道溫和的淺綠色羅馬花椰菜，還有形狀狹長但底部短胖的義大利茄子；紅甜椒與辣椒，則在義大利南部備受青睞。

義大利的沙拉

胡蘿蔔沙拉 （Insalata di carote）	用蔬菜刨絲器將去好皮或刷乾淨的胡蘿蔔刨成絲，然後淋上用特級冷壓初榨橄欖油與新鮮檸檬汁做成的醬汁，並依喜好用新鮮巴西里末裝飾。
綠蔬沙拉 （Insalata verde）	沒有比這道沙拉更簡單的料理了。將各種萵苣撕成適口大小，然後淋上傳統油醋醬（參考第 26 頁）。若要做成綜合沙拉（insalata mista），在萵苣上面放胡蘿蔔絲、去皮去籽切過的黃瓜、以及切成 4 瓣的新鮮番茄，最後拌入油醋醬。
芝麻菜沙拉 （Insalata di rucola）	將芝麻菜（如果菜葉較大則撕成小塊）和一把烤過的核桃與去皮去核切成 4 瓣的西洋梨混合。拌入橄欖油與鹽，並在上面放上幾塊刨片的熟成乳酪。
朝鮮薊沙拉 （Insalata di Carciofi）	軟嫩的小朝鮮薊可以生食。參考第 178 頁的方法修整朝鮮薊，將朝鮮薊切成薄片（可用蔬果切片器來操作），並拌入用特級冷壓初榨橄欖油、新鮮檸檬汁與新鮮巴西里末和／或薄荷葉做成的醬汁。上菜前，將拌好的沙拉放入冰箱靜置冷藏 15~30 分鐘。

亦可參考番茄與莫札瑞拉乳酪沙拉（第 100 頁）、柑橘茴香沙拉（第 157 頁）與三色沙拉（第 26 頁）。

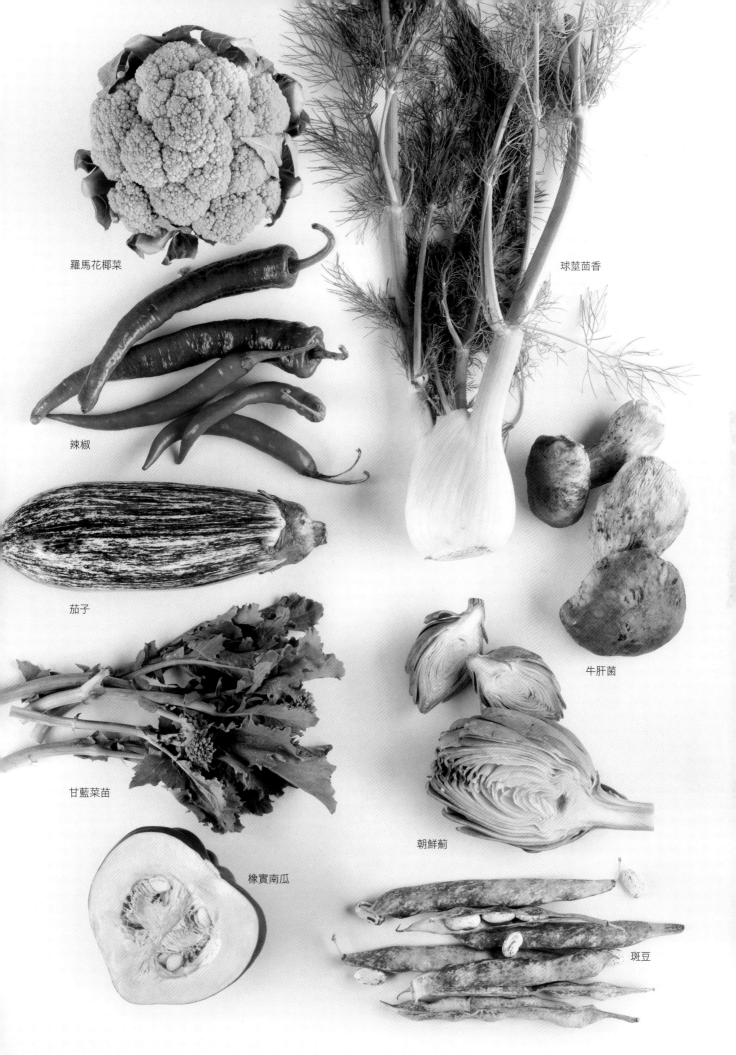

羅馬花椰菜

球莖茴香

辣椒

茄子

牛肝菌

甘藍菜苗

朝鮮薊

橡實南瓜

斑豆

切片時蔬沙拉佐油檸醬

PINZIMONIO

4~6 人份開胃菜 托斯卡尼 Toscana

¼ 杯新鮮檸檬汁

1 大匙新鮮百里香，切末

一撮辣椒粉

¾ 杯特級冷壓初榨橄欖油

2 大匙刺槐蜜

細海鹽，用量依喜好

現磨黑胡椒，用量依喜好

6 杯切成薄片的當季蔬菜（參考下表建議）

　　雖然搭配沾醬生吃蔬菜的概念好像很現代，但這道托斯卡尼蔬菜沾醬佐時蔬可以回溯到文藝復興時期。在餐會開始或享用完肉類料理以後，餐桌中央會出現以切好蔬菜擺盤的漂亮餐點。蔬菜的風味與質地非常重要，無論使用哪些蔬菜，都要確保它們的清脆。在 Eataly 商場，這道料理被歸類為沙拉。將蔬菜和橄欖油混合物翻拌均勻，確保蔬菜能完全且均勻地沾附醬汁。如果有蔬菜切片器，可以在準備這道菜的時候拿出來使用，因為這道料理的蔬菜必須切得非常薄。

· 將檸檬汁、百里香與辣椒粉放入一只碗內混合。一邊以細流方式慢慢將橄欖油倒入碗內，一邊不停地攪打。接下來，加入蜂蜜並繼續攪打至蜂蜜完全融合。以大量鹽和少許胡椒調味。

· 將橄欖油混合物淋在蔬菜上拌勻，然後將拌好的蔬菜用小沙拉盤分別盛裝。

搭配托斯卡尼蔬菜沾醬的季節蔬菜

春季	夏季	秋季	冬季
蘆筍	胡蘿蔔	抱子甘藍	根芹菜
甜菜根	西洋芹	花椰菜	紫甘藍
櫻桃蘿蔔	櫻桃番茄	根芹菜	南瓜
	小黃瓜	茴香	
	四季豆	洋薑	
	甜椒		
	櫛瓜		

烤刺苞菜薊

CARDI GRATINATI

6 人份配菜 皮埃蒙特 Piemonte

4 大匙（半條）奶油，另準備塗抹烤盤的用量

半個檸檬

8 根刺苞菜薊

細海鹽，用量依喜好

2 杯全脂牛奶

3 大匙中筋麵粉

一撮肉豆蔻

¼ 杯磨碎的帕馬森乳酪或格拉納帕達諾乳酪

¼ 杯原味細麵包粉（參考第 134 頁）

刺苞菜薊在地中海地區相當常見，早在古羅馬時期就已經被當成食物，而且這種食材確實也值得推廣。刺苞菜薊與朝鮮薊是親戚，儘管外觀狀似西洋芹，味道卻非常類似朝鮮薊的莖。以下介紹的料理方法，也適用於許多其他蔬菜如苦苣、茴香與紅菊苣，做出濃郁與清脆口感兼具的宜人組合。

· 將烤箱預熱 180°C。替一只烤盤抹上奶油，一旁備用。準備一大碗冰水，將檸檬榨汁，和檸檬一起加入冰水中。

· 將刺苞菜薊的菜葉去除。用削皮刀或蔬果削皮刀移除任何粗纖維（粗纖維應該很容易就能拉掉）。將刺苞菜薊縱切成兩半，然後切成約 1 公分小塊。將切好的刺苞菜薊加入冰水中，避免氧化變色。

· 將一鍋水煮沸，加入鹽，然後放入刺苞菜薊，煮到軟而不爛，能夠用叉子刺穿，約需 4 分鐘。將刺苞菜薊撈出瀝乾，置於一旁放涼。

· 將牛奶放入一只小單柄鍋內，以小火慢慢加熱，不要煮滾。

· 取一只小平底鍋，放入 4 大匙奶油以小火加熱至融化。一邊慢慢撒入麵粉，一邊持續攪打，待麵粉完全加入以後，繼續攪打 2 分鐘。不要讓麵粉上色。一邊繼續攪打，一邊以細流方式將溫熱的牛奶加入麵糊中。如果醬汁開始結塊，則暫停加牛奶的動作，先將麵糊打到滑順，再繼續加牛奶。以少許鹽和肉豆蔻調味。

· 將刺苞菜薊和醬汁拌勻，鋪進準備好的烤盤裡，並將刺苞菜薊刮平。混合乳酪與麵包粉，撒在刺苞菜薊上。放入烤箱烘烤至表面上色，約需 15 分鐘。烤好後先靜置 15 分鐘再端上桌。

如何修整朝鮮薊

1. 在一只大碗內注入清水與 1 個檸檬的汁。

2. 將朝鮮薊莖上的葉子摘掉，然後把莖切下來，只保留 2.5~5 公分的莖。把所有深色堅硬的葉子都撕掉。

3. 直到看見朝鮮薊莖淺綠色的部分露出來，把莖周圍的硬皮削掉。

4. 切掉每片朝鮮薊葉的尖端。

5. 如果需要保留朝鮮薊整顆的形狀，則將朝鮮薊倒過來抵著工作檯面，快速果決地將朝鮮薊往下壓，讓朝鮮薊打開。用一把小刀將中央帶毛的部分挖出來丟掉。如果要將朝鮮薊切片，則先將朝鮮薊縱切成兩半，然後再切成四分之一，並用刀將中心帶毛部分切掉，像替蘋果或西洋梨去核一樣。

6. 將切好的朝鮮薊放入檸檬水中，以同樣的方式處理剩餘的朝鮮薊。

將朝鮮薊葉的尖端去掉

將朝鮮薊倒放在檯面上往下壓

將朝鮮薊放入檸檬水中

請享用當季蔬果，
它們風味較佳且價錢實惠。

義式春蔬燉蠶豆

SCAFATA

4 人份主菜   翁布里亞 Umbria

4~6 片葉用甜菜

6~8 支蘆筍，最好是野蘆筍

4 個小朝鮮薊

半杯白酒

¼ 杯特級冷壓初榨橄欖油

半杯去莢新鮮蠶豆（參考「重點筆記」）

半杯去莢新鮮豌豆

2 根青蔥，切 4 段

細海鹽，用量依喜好

現磨黑胡椒，用量依喜好

¼ 杯未壓緊的新鮮甜羅勒

這道歷史悠久的料理通常會在早春時節新芽開始萌發之際出現在餐桌上。就和許多義大利料理一樣，好吃的關鍵並不在於高難度的技巧或昂貴設備。這道料理的祕訣，在於找到最新鮮的春季時蔬，從蘆筍、小朝鮮薊到新鮮蠶豆，並以最簡樸的方式來烹煮，讓蔬菜本身的風味完全發揮。將這道燉蔬菜端上桌的時候，應搭配大量的硬皮麵包。

．將葉用甜菜的莖和深綠色的菜葉分開。將菜葉和莖大略切過，分開放好。修整蘆筍並切成約 1 公分小段。修整朝鮮薊並切成 4 瓣（參考第 178 頁）。

．將白酒和橄欖油放入一只中型鍋內，以中火加熱。加入甜菜莖、蘆筍、朝鮮薊、蠶豆、豌豆與青蔥。熬煮至蔬菜變軟，約需 15 分鐘。如果白酒煮乾，鍋內水分不足，則加入少量清水（加水時小心噴濺）。完成的狀態應是溼潤，但不會有太多湯汁。

．待所有蔬菜都煮軟後，拌入甜菜葉，繼續烹煮 5 分鐘，直到菜葉萎軟。依喜好用鹽和胡椒調味。稍微讓燉菜放涼約 15 分鐘，然後將甜羅勒撕碎並加進去拌勻，便可端上桌。

重點筆記：準備新鮮蠶豆需要點時間，不但要去除外面的豆莢，也得把蠶豆皮去掉。如果運氣好，取得非常新鮮軟嫩的蠶豆，蠶豆皮也許還沒有長好。不過除非自己種蠶豆，否則通常買不到這樣的蠶豆。義大利人通常會避免剝蠶豆的工作，只端出羊乳酪搭配帶皮蠶豆當成一道簡樸的開胃菜，讓客人自己動手剝蠶豆皮。不過有時為了美觀，廚師還是會把蠶豆皮事先剝掉。剝蠶豆得先去掉豆莢，再把外面的皮膜一顆顆除去。

櫛瓜斯卡莫札乳酪麵

PASTA CON RAGÙ DI ZUCCA E SCAMORZA

6 人份第一道主食　阿布魯佐 Abruzzo、坎帕尼亞 Campania、莫里塞 Molise、普利亞 Puglia

---

2 大匙特級冷壓初榨橄欖油

4 瓣大蒜，拍碎

2 條黃櫛瓜，切成約 1 公分小丁

2 條綠櫛瓜，切成約 1 公分小丁

細海鹽，用量依喜好

現磨黑胡椒，用量依喜好

體積約 500 毫升的小番茄（grape tomato），切半

煮麵用的粗海鹽

454 公克短型乾製義式麵食，例如維蘇威火山麵或筆管麵

227 公克斯卡莫札乳酪，切成 0.5 公分小丁

¼ 杯新鮮薄荷葉

1 杯磨碎的羅馬羊乳酪

在這道夏季料理中，綠櫛瓜與黃櫛瓜搭配得非常可愛，它適合在輕鬆的戶外晚餐端上桌。若要營造一個難忘的夜晚，可以用一支冰鎮白酒如法連吉娜（Falanghina）搭配這道料理，接著端出風味清淡的海鮮主菜，如烤全魚（第 228 頁）就很理想。

· 將一鍋清水煮沸，煮麵用。

· 將橄欖油與大蒜放入一只大平底鍋內，以中火加熱。爆香大蒜，期間不時翻拌，待大蒜煮軟（但不要上色）後，便可取出。

· 將火調至中大，放入綠櫛瓜丁與黃櫛瓜丁。稍微以鹽和胡椒調味。烹煮櫛瓜，期間偶爾翻拌，將櫛瓜煮到出水且開始上色，約需 6 分鐘。加入切成兩半的小番茄，繼續烹煮到番茄出水。

· 同時，待大鍋內清水煮沸，加入鹽（參考第 20 頁），下麵。煮麵期間頻繁翻拌，將麵煮到彈牙（參考第 74 頁）。將麵取出瀝乾，加入平底鍋內和醬汁翻拌。在中火上大力拋翻至混合均勻，約需 2 分鐘。

· 鍋子離火，然後拌入乳酪丁。混合均勻，將薄荷葉撕碎撒上去。撒上磨碎的羊乳酪，翻拌均勻後立刻端上桌。

如何烤甜椒

　　以燒烤的方式處理甜椒，可以緩和甜椒尖銳的味道，把甜度引出來，也讓甜椒更容易消化。這個方法適用於紅甜椒、黃甜椒與橘甜椒（義大利人不吃未成熟的青椒）。烤甜椒可以切成長條狀，放入有蓋玻璃罐裡，注入淹過甜椒的橄欖油，放入冰箱冷藏至多一週。也可以替甜椒去籽，將甜椒切成三角形，然後與橄欖油、鹽和依喜好選用的香草翻拌，放入 230°C 烤箱烘烤至軟，約需 20 分鐘，烘烤期間應偶爾搖晃烤盤。

1. 預熱炙烤爐（或戶外烤爐）。

2. 將整個甜椒放在鋪了鋁箔紙的烤盤上，準備炙烤。

3. 放在烤盤上炙烤，或直接放在戶外烤爐的烤架上，偶爾用餐夾替甜椒翻面，烤到表面出現點狀焦黑且甜椒開始坍塌，約需 15~20 分鐘。

4. 待甜椒溫度降到可以徒手處理的程度，將甜椒縱切成兩半，把莖和籽一起拔掉，用紙巾將殘餘的籽擦掉。

5. 把大部分焦黑的表皮撕掉，保留少許焦黑處，讓煙燻味能夠滲入甜椒肉裡。

根莖類

RADICI E TUBERI

在蔬菜家族中，根或塊莖並非最美麗的成員。它們一般呈棕色或米色，而且通常在我們肉眼看不到的地方生長。儘管如此，世上少有比外酥內軟的烤馬鈴薯更能撫慰人心的料理，也少有如沾海鹽的生蕪菁一般酥脆清新的食物。雖然南瓜生長在地上，也不算根莖類，不過我們還是將它納入這個章節。

義大利人烹煮馬鈴薯的方法

皮埃蒙特薯餅（Subrich）	熟馬鈴薯去皮，放入馬鈴薯壓碎器裡壓碎，然後將壓碎的馬鈴薯和打散的雞蛋、磨碎的帕馬森乳酪、鹽與胡椒混合均勻。將薯泥做成小球狀或餅狀，表面沾上一點麵粉，放入橄欖油裡煎到表面金黃酥脆。
馬鈴薯沙拉（Insalata di patate）	將切丁去皮的熟馬鈴薯和切段的熟四季豆、少許洗淨的續隨子與紅洋蔥細絲混合。以傳統油醋醬（第 26 頁）調味，室溫上桌。
馬鈴薯泥（Purè di patate）	馬鈴薯煮熟去皮後放入馬鈴薯壓碎器中壓碎。取一只鍋，在鍋內放入壓碎的馬鈴薯、奶油或特級冷壓初榨橄欖油（或將兩者混合使用）、磨碎的帕馬森乳酪以及足量牛奶，拌合成滑稠的質地。開小火加熱並持續攪打，讓薯泥熱透。溫熱上桌。
義式馬鈴薯烘蛋（Frittata di patate）	馬鈴薯去皮切丁。取一只平底鍋（最好是鑄鐵鍋），在鍋內放入大量橄欖油，以中火加熱。將馬鈴薯丁放入鍋中平鋪成一層，不要翻拌，煎到底層上色後，再將馬鈴薯翻面，將其他面也煎到上色，然後用漏勺或鍋鏟移出，一旁備用。取一個洋蔥切細絲，不洗鍋繼續煎洋蔥，煎好後將洋蔥移出並和馬鈴薯放在一起。取一只攪拌盆，放入雞蛋攪打（合適的份量為每人 2 顆蛋），以鹽和胡椒調味，拌入馬鈴薯與洋蔥，倒入平底鍋內。烘蛋時，將蛋液從邊緣往內推，並傾斜鍋身，讓生蛋液流到外緣。等到烘蛋底部上色以後，將鍋子放入炙烤爐裡烘烤幾分鐘，讓表面定形。溫熱或室溫上桌。烘蛋的技巧可參考第 191 頁。
烤鯖魚馬鈴薯（Patate con lo sgombro）	烤箱預熱 230°C。馬鈴薯去皮並切成薄片。將馬鈴薯和少許橄欖油、鹽、胡椒、新鮮巴西里末與蒜末拌勻，平鋪在一只烤盤裡。在馬鈴薯上放鯖魚排，帶皮面朝下。替鯖魚刷上少許橄欖油，並以鹽和胡椒調味。放入烤箱烘烤到魚肉熟透且烤盤邊緣的馬鈴薯上色，約需 15~20 分鐘。

根芹菜蘋果沙拉

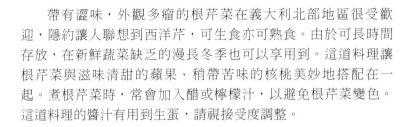

INSALATA DI SEDANO RAPA E MELE

4 人份配菜　　　　　　　　　　　　　　　　　　　奧斯塔谷 Valle d'Aosta

1 棵大根芹菜（約 227 公克重）

1 大匙白酒醋

2 個大雞蛋

半個檸檬的檸檬汁

細海鹽，用量依喜好

約 2 杯特級冷壓初榨橄欖油

半杯核桃

2 個金冠蘋果（Golden delicious apple）

帶有澀味，外觀多瘤的根芹菜在義大利北部地區很受歡迎，隱約讓人聯想到西洋芹，可生食亦可熟食。由於可長時間存放，在新鮮蔬菜缺乏的漫長冬季也可以享用到。這道料理讓根芹菜與滋味清甜的蘋果、稍帶苦味的核桃美妙地搭配在一起。煮根芹菜時，常會加入醋或檸檬汁，以避免根芹菜變色。這道料理的醬汁有用到生蛋，請視接受度調整。

‧根芹菜去皮後切半，若中心已纖維化，則將纖維化的部分切下來丟掉。剩餘的根芹菜切成細絲。

‧煮沸一鍋水，加入醋。將根芹菜放入川燙至軟，約需 10 分鐘，煮好後將根芹菜取出瀝乾，並放在室溫環境中靜置 1 小時。

‧同時，將雞蛋、檸檬汁和一撮鹽一起攪打至完全混合。持續攪打，並慢慢地一滴一滴加入橄欖油，做成蛋黃醬。可能不會用到所有的油。待蛋黃醬質地滑膩也不至於太稀時，就可以停止攪打。品嚐並調整鹽用量。也可以用手持式均質機或食物調理機製作。

‧將核桃放入乾燥的平底鍋裡稍微焙炒一下，炒到香味飄出約需 5 分鐘，然後大略將核桃切碎。

‧蘋果去皮去核後切成 4 瓣，再切成薄片並移到一只大沙拉碗內。加入根芹菜與蛋黃醬，翻拌至完全混合均勻。撒上烤過的核桃，室溫上桌。

黑松露油醋醬南瓜佐烤麵包片

BRUSCHETTA CON ZUCCA E "VINAIGRETTE" DI TARTUFO NERO

12 份 　　　　　　　　　　　　　　　　　　　　皮埃蒙特 Piemonte

1 個南瓜（約 1 公斤），去皮去籽後切丁

細海鹽，用量依喜好

現磨黑胡椒，用量依喜好

6 大匙特級冷壓初榨橄欖油

2 個中型珠蔥

2 大匙切碎的新鮮黑松露或黑松露醬

2 大匙蘋果醋

12 片（約 1 公分厚）鄉村麵包（參考第 119 頁）或其他類似的麵包

　　這款漂亮的餡料佐香烤麵包片是非常棒的開胃菜，甚至可以當成一頓素輕食晚餐。可以提早幾天把南瓜煮好，使用前先恢復室溫。麵包則一定要等到上桌前烤，才會美味。

・烤箱預熱 190°C。

・取一只大攪拌盆，以鹽和胡椒替南瓜調味，並加入 2 大匙橄欖油翻拌。將南瓜放在烤盤上平鋪成一層，放入烤箱烘烤到表面金黃且變軟，約需 30 分鐘。烤好後靜置放涼。

・南瓜放涼後，放入裝有金屬葉片的食物調理機打至滑順，一旁備用。

・將珠蔥末、松露與醋放入一只碗內拌勻。加入鹽與胡椒調味。一邊持續攪打，一邊以細流方式加入剩餘的 4 大匙橄欖油。品嚐並調整鹽用量。

・以中大火加熱鑄鐵烤盤，或使用戶外烤爐。將麵包片烤到表面變成金棕色，每面約烤 4 分鐘。

・將約 2 大匙南瓜泥抹在每片麵包上，再淋上約 1 大匙松露油醋醬。趁溫熱上桌。

重點筆記：松露是一種長在地面下樹根周圍的菌類，香味極其濃郁。義大利的松露大小各異，共有兩種，一種是來自皮埃蒙特地區的白松露，另一種來自馬爾凱地區和翁布里亞地區的黑松露（不過它們都非常昂貴）。然而，市面上有許多不用花大錢買新鮮松露，也能享受到美妙滋味的方法，那就是市售的罐裝或瓶裝松露，也可以找到管狀的松露泥，在 Eataly 只有松露季節才販賣。我們不賣松露油，因為那是用化學藥劑增加香味的產品，不但會毀掉食材的味道，也沒有松露的真正風味。

馬鈴薯鹹蛋糕

GATTÒ DU PATATE

6 人份輕食主菜

坎帕尼亞 Campania、西西里島 Sicilia

1 公斤育空黃金馬鈴薯或褐皮馬鈴薯

6 片日晒番茄

3 個大雞蛋，稍微打散

半杯全脂牛奶

半杯磨碎的熟成羊乳酪

¾ 杯莫札瑞拉乳酪丁

2 大匙新鮮巴西里末

2 大匙新鮮甜羅勒末

塗抹烤皿的奶油

半杯細麵包屑（參考第 134 頁）

2 大匙特級冷壓初榨橄欖油

細海鹽，用量依喜好

「gattò」這個字是法文「gâteau」（蛋糕）的義大利文拼法。這種受到法國啟發的美食，源自西西里島與坎帕尼亞地區，這兩個地區在十八世紀期間因為受到法國波旁王朝統治而發展出豐富的法式料理傳統。時至今日，儘管這道馬鈴薯鹹蛋糕十分討喜，它通常被當成簡單的一餐一道式（one-dish）料理端上桌。為了想要讓它更有特色，所以用個別烤皿來烘烤，每位賓客都可以單獨享用一份小鹹蛋糕。可搭配第 172 頁的沙拉，沙拉和這款鹹蛋糕相得益彰。食譜中用到泡開的乾燥日晒番茄，不過也可以依喜好使用油漬日晒番茄。使用後者時，只要把日晒番茄取出瀝乾（不需要泡開），並將少許泡番茄的油淋在完成的料理上即可。在 Eataly，我們會用淋上大量醬汁的菊苣沙拉來搭配這道蔬食料理，使口感平衡且豐富。

· 烤箱預熱 180°C。

· 將一大鍋清水煮沸，放入馬鈴薯。一旦馬鈴薯軟到能夠用叉子或削皮刀刀尖輕易刺穿，便用漏勺取出，烹煮時間按馬鈴薯大小而定，約需 15~40 分鐘。待馬鈴薯溫度降到可以徒手處理的程度，替馬鈴薯去皮，並放入一只大攪拌盆內大略壓碎，不用太細碎，需保留部分塊狀。

· 同時，將日晒番茄放入一只耐熱碗內。加入恰能淹過番茄的足量沸水後靜置一旁，將番茄泡到恢復彈性，約需 10 分鐘。

· 將泡開的番茄取出瀝乾，並切成 0.6 公分小丁。將番茄、雞蛋、牛奶、羊乳酪、莫札瑞拉乳酪、巴西里與甜羅勒混合，拌入壓碎的馬鈴薯裡，用手拌合均勻。

· 替六只烤皿抹上奶油，然後在烤皿底部與側面撒上約 1 大匙麵包屑，並把多餘的麵包屑拍掉。在烤皿內填滿薯泥，把表面抹平。將剩餘 2 大匙與多餘的麵包屑和橄欖油拌勻，以一撮鹽調味，撒在鹹蛋糕表面。將烤皿放在烤盤上。

· 將烤盤放入烤箱，烘烤到表面酥脆且變成金棕色，約需 20 分鐘。取出烤皿，靜置 20 分鐘降溫，然後用折角抹刀沿著烤皿周圍刮一圈，將鹹蛋糕脫模後端上桌，或直接將鹹蛋糕隨著烤皿一起端出。

南瓜佐黑色小扁豆

ZUCCA CON LENTICCHIE NERE

4 人份開胃菜或配菜

1 個橡實南瓜

3 大匙特級冷壓初榨橄欖油

細海鹽，用量依喜好

現磨黑胡椒，用量依喜好

12 個帶皮小洋蔥

1 枝新鮮鼠尾草

2 枝新鮮百里香

0.5 小匙整粒黑胡椒

1 根胡蘿蔔

1 根西洋芹

1 個中型珠蔥

1 杯黑色小扁豆

陳年巴薩米克醋，盛盤時澆淋用

體積小的黑色小扁豆（英文叫作「beluga lentil」，因為外觀有點像魚子）能替所有料理加分。如果手邊只有棕色小扁豆，也可以用來代替，但它比黑色小扁豆難煮熟，約需 30 分鐘。

・烤箱預熱 180°C。

・將南瓜表面突起部分的皮削掉，保留凹陷部分的皮，以製造出條紋效果。將南瓜縱切，挖掉絲和籽，然後切成新月形。

・在一只烤盤裡鋪上烘焙紙。將南瓜與 2 大匙橄欖油拌勻，並以鹽和胡椒調味。將南瓜放入烤盤裡平鋪成一層，放入烤箱烘烤至表皮酥脆南瓜肉柔軟，約需 35 分鐘。

・同時，將小洋蔥放在一只烤皿裡，或另一只鋪上烘焙紙的烤盤中，放入烤箱烘烤至軟，約需 8 分鐘。待洋蔥降溫至能夠徒手處理的程度，用廚房剪刀把末端剪掉。保留洋蔥完整，或是縱切成兩半。

・將鼠尾草、百里香與胡椒粒用紗布袋包起來。將胡蘿蔔、西洋芹與珠蔥切末，和剩餘的 1 大匙橄欖油一起放入單柄鍋內，以小火炒到蔬菜變軟但尚未上色，約需 5 分鐘。加入小扁豆並繼續煮 2 分鐘，期間偶爾翻拌。加入 1½ 杯清水與香草袋，加熱至沸騰。將火調小，讓鍋內保持微滾，繼續烹煮到小扁豆變軟但尚能維持形狀、而且鍋內液體大多被吸收的程度，約需 15 分鐘。將香草袋取出丟棄。以鹽替小扁豆調味，並靜置放涼。

・上菜時，在每一個餐盤底部放上一層小扁豆，在疊上幾片南瓜與幾顆小洋蔥。淋上陳年巴薩米克醋，室溫上桌。

香草

ERBE AROMATICHE

味道強烈的甜羅勒、開胃的扁葉巴西里、樸實的奧勒岡……，新鮮香草是義大利廚房的祕密武器，能增添料理的風味。運用香草的經驗法則，應在開始烹飪時將「質地硬」的香草如迷迭香加進去，並在最後加入「質地軟」的香草如薄荷等。

以香草為主角的義大利料理

義大利人會頻繁且大量地使用香草，甚至有一些以香草為主角的料理。

熱那亞青醬 （Pesto alla genovese）	這道來自利古里亞地區的著名料理使用的是未經烹煮的羅勒醬，可參考第 108 頁。
迷迭香烤馬鈴薯 （Patate al rosmarino）	這是週日午餐必定會出現的配菜。馬鈴薯去皮，切成 5 公分塊狀。將馬鈴薯與鹽、胡椒、大量新鮮迷迭香葉與橄欖油拌勻。將馬鈴薯放在烤盤上平鋪成一層，放入 180°C 烤箱烘烤至表面酥脆。
琉璃苣瑞可達乳酪麵餃 （Ravioli di borragine e ricotta）	琉璃苣是一種生長力旺盛的香草，常被當成綠色蔬菜來使用。如大肚餃（第 70 頁）餡料中的菠菜，也可用琉璃苣代替，或是將菠菜和琉璃苣混用。
沙丁魚麵 （Pasta con le sarde）	沙丁魚是這道西西里料理的要角，不過茴香也同樣重要。在西西里島，會使用野茴香，不過可以用球莖茴香的雨狀葉來代替，將茴香球莖保留下來做其他用途，或切碎與料理中的洋蔥混合使用。將切碎的新鮮沙丁魚放入平底鍋內，和少許洋蔥與切碎的鯷魚柳一起烹煮。松子放入平底鍋內焙炒，然後加入黑醋栗、切碎的茴香細莖、切碎的茴香羽狀葉、以及用少量清水泡開的一小撮番紅花。將吸管麵煮到彈牙，然後把麵放入平底鍋內和其餘材料拌勻，並撒上烤過的麵包屑。
薄荷香烤茄子 （Melanzana alla menta）	在卡拉布里亞地區與西西里島，辣椒與薄荷常常一起出現。將茄子縱切成兩半，在切面刷上橄欖油並切劃幾刀，在細縫裡塞入整瓣大蒜，放入預熱 200°C 的烤箱裡烘烤至上色變軟，約需 15~30 分鐘。將煮熟的茄子切丁，與切片的新鮮辣椒和大量撕碎的新鮮薄荷葉拌勻。淋上少許白酒醋，便可端上桌。

義式烘蛋

學會義式烘蛋,就永遠都不會餓肚子了。幾乎所有材料都可以拿來做成好吃的義式烘蛋,即使在緊要關頭,只用雞蛋、鹽與胡椒做成的純烘蛋,一樣可以當成一道樸實但讓人滿意的料理。

若最後打算把烘蛋放入炙烤爐裡,則選用可以放入烤箱的耐熱平底鍋(鑄鐵鍋是最佳選擇)。取一只大碗,放入雞蛋,每人份 2 顆蛋,至少做 2 人份(4 顆蛋),加入一撮鹽和現磨黑胡椒打散。將特級冷壓初榨橄欖油放入平底鍋內以中小火加熱。倒入蛋液。每隔幾分鐘,傾斜平底鍋並將更多已經凝結的蛋往平底鍋中央推,讓未煮熟的蛋液流到邊緣的空間。等到烘蛋底部凝結但表面尚軟,繼續煎 2~3 分鐘,期間不要攪動,直到底部上色且表面周圍有一小圈已經煮熟為止。將烘蛋滑入一只盤子裡,將平底鍋倒扣在盤子上,然後將盤子和平底鍋同時翻過來,讓烘蛋翻面回到鍋中(操作使應戴上隔熱手套)再煎 2~3 分鐘,將底部煎到上色。若不想翻面,則將平底鍋放在炙烤爐裡 1~2 分鐘讓表面上色,期間應仔細觀察。

義式香草烘蛋 (Frittata alle erbe)	將大量新鮮巴西里、細香蔥、奧勒岡、細葉巴西里或馬鬱蘭切碎,或是在上述香草中選擇兩種以上混合使用。將切碎的香草拌入蛋液,再把混合蛋液倒入平底鍋中。
義式蔬菜烘蛋 (Frittata di verdure)	將煮熟的蔬菜(菠菜、葉用甜菜、闊葉苦苣、羽衣甘藍等都很適合)擰乾,然後將蔬菜切碎,拌入蛋液裡,再把混合蛋液倒入平底鍋內烹煮。
義式鮮菇烘蛋 (Frittata ai funghi)	將切片的新鮮菇蕈放入平底鍋裡翻炒,然後淋上蛋液繼續烹煮。

羅馬式朝鮮薊

CARCIOFI ALLA ROMANA

4 人份配菜 拉吉歐 Lazio

---

3 瓣大蒜

¼ 杯未壓緊的新鮮巴西里葉，切碎

¼ 杯未壓緊的新鮮薄荷葉，切碎

¼ 杯特級冷壓初榨橄欖油

8 株羅馬朝鮮薊，修整後保持完整（參考第 178 頁）

細海鹽，用量依喜好

現磨黑胡椒，用量依喜好

¼ 杯白酒

　　義大利人非常喜愛朝鮮薊。以下介紹的是羅馬地區的傳統料理，用羅馬品種的朝鮮薊最合適。那種朝鮮薊的葉尖不帶刺，外型又圓又大，葉片呈紫色。處理朝鮮薊的時候最好戴手套，因為朝鮮薊可能會染色。一旦切開，朝鮮薊很快就會氧化變成棕色，因此在處理朝鮮薊的時候，手邊一定要準備一大盆檸檬水，立刻把修整好的朝鮮薊放入檸檬水中避免變色。羅馬式朝鮮薊在烹煮的時候是莖部朝上、頭朝下的擺放，因此選用的鍋子高度要夠，才能將整株朝鮮薊裝進鍋裡。此外，鍋子也要夠窄，朝鮮薊才能夠緊密排列，不會漂浮在湯汁上。需要增加份量時，可以把這則食譜的量直接乘以 2 倍或 3 倍。

・將大蒜、巴西里與薄荷一起切碎，然後放入一只小碗中與 1 大匙橄欖油混合均勻，填入修整好的朝鮮薊裡。

・將剩餘的 3 大匙橄欖油倒入一只又深又窄的鍋子裡。將朝鮮薊放入鍋中，以莖部朝上的方式緊密排列。以鹽和胡椒調味，開蓋以中火烹煮 5 分鐘。

・倒入白酒與足量清水，讓液面達到約 5 公分高。用平織布巾將一只與鍋子非常密合的鍋蓋包起來，然後蓋上鍋蓋（注意別讓布巾邊緣垂掛在靠近爐火的地方）。將一個不可燃的重物，例如肉鎚，放在鍋蓋上，將鍋蓋壓緊。以中火熬煮，若液體開始沸騰，應把爐火轉小，煮到朝鮮薊變得非常軟而且能夠輕易用叉子刺穿的程度，約需 45 分鐘。不時檢查，若鍋內液體不足，可倒入少量清水，不過，最終的目標是要將鍋內煮到剩下極少量的液體。

・待朝鮮薊煮軟以後，拿開鍋蓋，將爐火轉大，煮到大部分液體收乾且鍋內只剩下油脂的程度。如果鍋內本來就只剩下極少液體，也可以省略這個步驟。用漏勺取出朝鮮薊，靜置一旁放涼，並保留鍋內湯汁。

・等到朝鮮薊放涼以後，將鍋裡的湯汁淋上去。趁溫熱享用，或是放到室溫再端上桌。

CARNE

肉品

Eataly 供應的所有肉品都有以下
「三大沒有」：
絕對沒有使用抗生素！
絕對沒有添加荷爾蒙！
絕對沒有使用生長激素！

牛肉、小牛肉與羊肉

MANZO, VITELLO E AGNELLO

在義大利，就如其他同樣會吃牛肉的地方，一塊帶有豐富礦物滋味的牛排，是奢侈的象徵。義大利一直以來都不是個富裕的國家，牛肉往往是只有在週日與假日才吃得到的好料。義大利人喜愛的牛肉料理通常有兩類，其一是做成義式麵食的醬汁，另一則是當成主菜來享用。現在，大部分義大利人都吃得起牛肉，也能較頻繁地享用，不過牛肉仍然是較「正式」的食材，而且牛隻身上的每一個部分都會受到完善的運用。料理牛肉的關鍵，是針對不同的部位採用不同的處理方法：燜燉可以將較堅韌且帶有更多結締組織的部位煮到叉子可以輕易插入的程度。就牛排而言，最好是取自原產於皮埃蒙特地區或托斯卡尼地區的品種牛，一塊滋味豐郁的牛排簡單撒上少許海鹽和橄欖油、進行燒烤後就非常美味。在義大利，羊肉只有在春季才會出現在餐桌上，也就是四個月大的羔羊可以宰殺時——羊肉是傳統復活節大餐的重點料理。至於小牛肉，一直都是義大利人的拿手菜，尤其是取自後腿內側逆紋切成厚度 0.6 公分的薄切小牛肉片。

義大利各地的牛肉、羊肉與小牛肉料理

地區	特色料理
奧斯塔谷	瓦萊達奧斯塔式煎小牛排（cotoletta alla Valdostana）：沾上蛋液和麵包屑、放入鍋中煎熟並搭配義式熟火腿薄片與乳酪片的小牛排。
皮埃蒙特地區	綜合燉肉（bollito misto）：將許多部位的牛肉放入一只大鍋內一起燉煮，上菜時搭配紅醬與青醬。
倫巴底	燉小牛腿（ossobuco）：小火慢燉的小牛腿，搭配口感清新的大蒜巴西里檸香醬（gremolata）。義大利文「ossobuco」是指用來烹煮這道料理的小牛腿特殊切割方式。
托斯卡尼	佛羅倫斯牛排（bistecca alla fiorentina）：燒烤烹煮的丁骨牛排，按傳統應使用取自契安尼娜（Chiania）品種牛。
拉吉歐	羅馬式羔羊（abbacchio）：使用幼齡羔羊來料理，通常採烘烤方式。

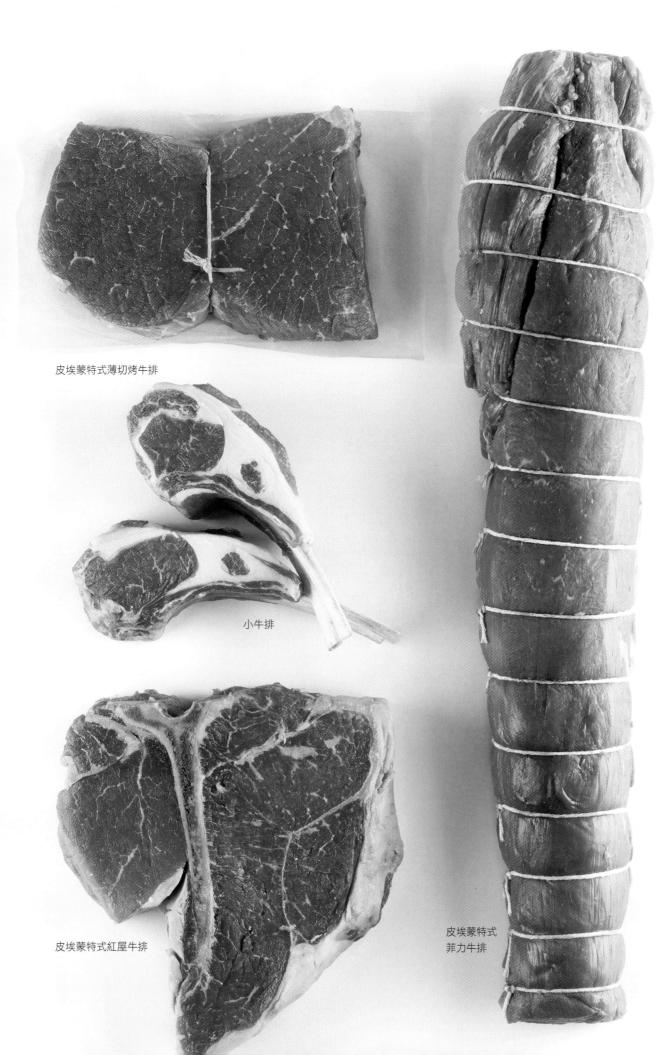

皮埃蒙特式薄切烤牛排

小牛排

皮埃蒙特式紅屋牛排

皮埃蒙特式
菲力牛排

品質標誌

正統的肉販一定是現切現賣，不會販賣預先包裝好的肉品。

按欲採用的料理方式來選擇適當的肉品部位：較堅韌的肉適合長時間燜燉，較軟嫩的部位可以煎封或燒烤。

生牛肉與生羊肉的顏色應該是鮮紅色；小牛肉應該是粉紅玫瑰色。

羊排

羊肉香腸

小牛膝

小牛肉排

義大利人烹煮小牛肉排的方法

所有以小牛肉排為主角的料理都適用以下程序：在平底鍋內倒入大量橄欖油加熱，待油溫夠高時，讓小牛肉排沾上稍微調味過的未漂白中筋麵粉，放入油鍋中煎到褐化，每面約煎 2 分鐘。將肉排從鍋中取出，放在一旁保溫。從下列材料中選擇一種替平底鍋去渣，然後將肉排放回鍋中，讓肉排稍微在醬汁裡加溫至熱透，便可立刻端上桌。

瑪薩拉酒與少量奶油
新鮮檸檬汁、續隨子與巴西里末
罐裝整粒去皮番茄，切碎後連汁帶肉使用：小牛肉排放回鍋中後，依喜好在肉排上面放上切成薄片的莫札瑞拉乳酪，讓乳酪在肉排上面加熱至融化。
蒜末、切碎的鯷魚柳與白酒
鮮奶油與新鮮百里香末

我們從乾淨且永續經營的農場與牧場採購肉品，
在這些農場與牧場中，動物每天都在開放式的牧場吃草，
而且受到人道照顧。動物與飼養場土地的健康，
對肉的品質和風味有著直接的影響。

韃靼牛肉

CARNE CRUDA

4 人份開胃菜   皮埃蒙特 Piemonte

340 公克皮埃蒙特品種牛的後腿內側牛肉（參考「重點筆記」）

¼ 杯味道溫和的特級冷壓初榨橄欖油，最好產自利古里亞地區

片狀海鹽，用量依喜好

這道簡單的料理能充分表現出 Eataly 的哲學：如果用品質極優的食材，並以能夠發揮食材特質的方式來烹調，就能夠做出風味獨道的料理。要準備韃靼牛肉，使用絞肉機是最簡單的方法。如果用裝設金屬刀片的食物調理機，會將牛肉打成過細的肉泥。大部分桌上型攪拌機，都有選購的絞肉配件，能使攪拌機執行絞肉功能。如果沒有絞肉機，可請肉販幫忙把肉絞好，不過應該儘量縮短絞肉與上菜之間的等待時間，以避免氧化。準備好的料理應該要能保持寶石紅的顏色。另一種作法，是用鋒利的刀子將肉切碎，小心不要留下沒切碎的大塊肉，否則生牛肉會出現令人不悅的嚼勁。這是一道皮埃蒙特地區的傳統料理，因此請選擇產自鄰近利古里亞地區的橄欖油。另外一個要注意的細節：料理中使用的碗，應事先放入冰箱冷藏，才能讓牛肉在操作時保持低溫。品嚐韃靼牛肉時，可以搭配麵包或餅乾，成為一道開胃菜。在皮埃蒙特地區，這道生牛肉隨時都可以當成點心、開胃菜或正餐來享用，甚至是早餐！

‧將牛肉切成邊長 2.5 公分的大丁，然後放入絞肉機裡，或使用裝有絞肉機配件的桌上型攪拌機。

‧將絞好的牛肉放入一只冰透的碗裡，均勻地淋上橄欖油，並依喜好撒鹽。

‧用一支大湯匙，輕輕把所有材料拌勻，翻拌的時候不要刻意搗碎，也不要太用力。

‧將拌好的生牛肉分成四份放入餐盤中，立刻端上桌。

重點筆記：在製作這種只使用三種食材的料理時，選用最上等的食材尤其重要；此外，若要將生牛肉端上桌，絕對得要求牛肉的新鮮度。肉的顏色應該是鮮紅色，而且要非常瘦，將所有的脂肪或肌腱切掉後再放入絞肉機。在開始動手處理之前，必須確保肉本身的溫度非常低。

義式薄切生牛肉

CARPACCIO

4 人份開胃菜 皮埃蒙特 Piemonte

340 公克皮埃蒙特品種牛的里脊肉，修整過後切成紙般的薄片（參考「重點筆記」）

1 大匙特級冷壓初榨橄欖油

1 小匙新鮮檸檬汁

細海鹽，用量依喜好

現磨黑胡椒，用量依喜好

半杯未壓緊的芝麻菜

這道料理就和韃靼牛肉一樣，需要最新鮮的食材，因此一定要待欲享用的前幾小時再購買。若想端上一道豪華的開胃菜，可以把這兩道生牛肉料理放在一起端上桌。

・將薄切生牛肉片分別放到四只冷透的餐盤上，平鋪成一層。

・取一只小碗，將橄欖油與檸檬汁放在一起打勻，並依喜好加入鹽與胡椒調味。將橄欖油醬汁和芝麻菜拌勻，並在每一份生牛肉上面放上少許芝麻菜。立刻端上桌。

重點筆記：道地的義式薄切生牛肉，會把生牛肉切得跟紙一樣薄，只有專門的切肉機可以做到這個程度，而且肉必須要先冷凍過。最好的選擇，是向肉販訂購薄切生牛肉片，如果找不到能夠幫忙切肉的肉販，將牛肉用保鮮膜緊密包好，放入冷凍庫冷凍至少一小時，然後自行將肉切成儘量薄的薄片，再把切好的肉一片片放入兩張保鮮膜中間，用肉鎚將肉打得更薄。但這種方法會損害到肉的品質，只有在緊急狀況才能採用。

Razza Piemontese 皮埃蒙特品種牛

原產於皮埃蒙特地區的品種牛。這種牛的肉脂肪含量和結締組織天生比其他品種牛來得低，也是其特別美味的原因，是做生肉料理的理想選擇。皮埃蒙特品種牛的優點不只如此：它的飽和脂肪含量較低，多元不飽和脂肪（好脂肪）較高，可以說是牛肉裡的酪梨！其 ω~3 脂肪酸含量較高，而且比一般牛肉含有更多的蛋白質！Eataly 選用認證的皮埃蒙特品種牛，除了出自環境保護與永續發展的承諾，更是因為人道動物飼養、生產履歷、以及風味和品質的緣故。

牛肋排佐牛肝菌醬與巴薩米克醋

COSTATA DI MANZO AI PORCINI CON ACETO BALSAMICO

4 人份主菜 　　　　　　　　　　　　　　　艾米利亞－羅馬涅 Emilia-Romagna

半杯乾燥的牛肝菌（約 14 公克），磨碎

¼ 杯紅糖或黑糖

2 大匙細海鹽

2 大匙辣椒粉

2 大匙現磨黑胡椒

907 公克去骨牛肋排

陳年巴薩米克醋，用量依喜好

這道牛肋排非常特別，在烹煮前會先抹上磨碎的辛香牛肝菌醬，再放到烤架上烤得肉汁滿溢。最後淋上的陳年巴薩米克醋，替牛肉帶來一股甜酸滋味。牛肝菌醬可用果汁機製作。這道牛排適合搭配香烤馬鈴薯：將馬鈴薯與橄欖油翻拌，然後撒上迷迭香與鼠尾草，再烘烤到表面酥脆且呈金棕色。

．取一只小攪拌盆，將打碎的牛肝菌、糖、鹽、辣椒粉與黑胡椒放進去拌到完全混合均勻。

．將燒烤盤、烤肉爐或炙烤爐預熱至高溫。以紙巾將牛肉拍乾，並在肉的每一面都抹上牛肝菌醬。將肉的每面炙烤或燒烤 2 分鐘，或是烤到料理用溫度計測出牛肉內部溫度達到 46°C，亦即三分熟的程度。

．讓牛肉靜置幾分鐘再切割，避免肉汁流失在砧板上。切肉時，應以斜切的方式將肉切成約 1 公分厚的切片，淋上巴薩米克醋以後立刻端上桌。

義大利人使用菇類製品與松露的方法

乾燥牛肝菌	這種肉質尤其厚實的菌類一般生長於松林。使用時，應將牛肝菌放在水裡泡到軟，並將泡菇水用來烹煮燉飯或湯（使用時將泡菇水舀出，將沙子留在碗裡），或者是將乾燥牛肝菌研磨成粉。
油漬切片牛肝菌	將肉質厚實的油漬切片牛肝菌瀝乾，當成前菜拼盤的材料。
松露奶油	將少許黑松露奶油或白松露奶油刷在熱騰騰的燒烤肉上。
松露麵粉	在製作義式麵食的時候，可以用松露麵粉代替少量中筋麵粉。
松露泥	將這種味道強烈的食材（黑松露或白松露皆可）取少量拌入馬鈴薯泥裡，或是抹在烤過的麵包片上。
松露鹽	將少量以松露調味的鹽撒在原味或加入香草的義式烘蛋上。

燙手指羊排

AGNELLO ALLA SCOTTADITO

6 人份主菜   拉吉歐 Lazio

¼ 杯細海鹽

2 大匙砂糖

1 大匙現磨黑胡椒

1 小匙磨碎的檸檬皮

1 大匙新鮮薄荷葉，切碎

1 大匙新鮮迷迭香葉，切碎

12 塊羊排（約 1.34 公斤，參考「重點筆記」）

3 大匙特級冷壓初榨橄欖油

　　義大利文「scottadito」是「燙手指」的意思，趁熱享用這些鮮嫩的羊排，絕對值得冒著燙傷的風險。在 Eataly 商場中，這道料理使用的是來自拉吉歐地區的橄欖油。

‧取一只碗，在碗裡放入鹽、糖、胡椒、檸檬皮、薄荷與迷迭香混合均勻後，抹在羊排上，於室溫環境中靜置至多 2 小時，或是蓋起來放入冰箱冷藏至多一天。

‧準備製作羊排時，以中火加熱厚底平底鍋或鑄鐵平底鍋，並在鍋底稍微刷上橄欖油。將剩餘橄欖油淋在羊排上。

‧將羊排放入鍋子裡，在不太擁擠的前提下儘量排放。煎至羊排外焦內嫩，期間翻面一次。羊排表面應煎出漂亮的顏色，中央仍為玫瑰紅色，每面約煎 3 分鐘。若要把羊排煎得更熟，可以多煎 1~2 分鐘。煎完所有羊排，趁熱端上桌。

重點筆記：一整排帶骨的羊排最適合用來製作這道料理，因為骨頭夠長。如果偏好把裸露出來的骨頭完全清理乾淨，可以請肉販協助，或是自己動手：從肉排主要部分和骨頭相連接處的肉和脂肪都修掉。用刀背將骨頭刮乾淨。露出來的骨頭應為 4~7.6 公分長。將切下來的肉和脂肪另外保存，可用來製作簡易的快速高湯。

如何吃羊排

顧名思義，享用這道料理最好的方式就是「燙手指」。用食指和大拇指捏著羊排骨頭，抓起來咬吧。

黃金小牛胸腺

ANIMELLE DI VITELLO DORATE

4~6 人份開胃菜　　　　　　　　　　　　　　　　　　拉吉歐 Lazio

---

454 公克小牛胸腺

1 大匙芫荽籽

1 杯白酒醋

1 條胡蘿蔔，切碎

1 根西洋芹，切碎

1 個小黃洋蔥，切碎

1 個小球莖茴香，切碎

細海鹽，用量依喜好

6 大匙特級冷壓初榨橄欖油

1 杯未漂白中筋麵粉

　　在古羅馬時期，雜碎（內臟）被視為上好的美味。曾經有一段時間，屠宰場員工的薪資甚至是用雜碎來代替。現在的義大利，尤其是羅馬與拉吉歐地區，牛肚、腰子、脾臟、肝臟、羊胸腺與小牛胸腺等，仍然是極受歡迎的料理。羅馬人非常珍視內臟，甚至衍生出專門的稱呼「quinto quarto」（譯註：直譯為第五個四分之一。羅馬地區切肉的方式，去除內臟的屠體會被均分為四，最好的四分之一賣給貴族享用，剩下的則分別按品級賣給神職人員、資產階級與軍人。一般平民只買得起雜碎）。義大利人很喜歡小牛胸腺外緣與中心的腥味，如果偏好較清淡的味道，可以在烹煮前先將清乾淨的小牛胸腺放入冷水中浸泡 2 小時。

· 將小牛胸腺表面的薄膜撕下來丟掉。將小牛胸腺放在流動的冷水中，可能會比較容易處理。

· 將芫荽籽放在乾燥的平底鍋裡焙炒至香味飄出，約需 5 分鐘。

· 取一只鍋，在鍋內放入芫荽籽、醋、胡蘿蔔、西洋芹、洋蔥、球莖茴香與 1 杯清水，並依喜好以鹽調味。將液體加熱至微滾。加入小牛胸腺，以小火熬煮到變軟但尚未散掉的程度，約需 6 分鐘。

· 用漏勺取出小牛胸腺，靜置一旁放涼。檢查是否有殘留的薄膜並加以移除。

· 將小牛胸腺切成適口大小，用紙巾擦乾。取一只平底鍋，放入橄欖油，以中大火加熱。將小牛胸腺沾上麵粉，放入鍋內煎到每面都呈金棕色，約需 3~4 分鐘，若有必要，可分批操作，以免鍋內太過擁擠。在煎好的小牛胸腺上撒點鹽，趁熱上桌。

豬肉

MAIALE

　　對於豬肉，義大利人充分體現了「從頭吃到尾」的哲學。在義大利的許多地方，將整隻豬架在烤架上燒烤是常見的吃法，即使是豬耳朵、豬尾巴、豬腳與內臟，都能被充分利用。豬油也是重要的角色，賦予傳統料理更美妙的滋味。Eataly 商場販賣的豬肉來自所謂的遺產品種，也就是「原生品種」，都是現代雜交育種技術出現之前就已經存在的品種。這些在開放式永續農場蓄養的遺產品種豬，因為生活條件較佳，所以能養出風味十足的優質豬肉。

義大利的新鮮豬肉香腸

義大利的各個地區都有不同類型的新鮮豬肉香腸（有關乾燥豬肉香腸與其他醃製豬肉產品可參考第 84 頁）。義大利中部的豬肉料理尤其有名，翁布里亞地區的諾奇亞城（Norcia）更以殺豬屠夫的技巧聞名於世，在翁布里亞地區與其他地方，專賣豬肉的肉店叫作「norcinerie」也是因為這個緣故。

豬皮香腸（cotechino）	這種滋味醇厚的香腸來自艾米利亞－羅馬涅地區的莫德納，以豬肉、豬背脂肪和豬皮做成，製作時也會加入肉豆蔻與丁香；豬蹄香腸（zampone）則是將用來製作豬皮香腸的餡料填入豬腳做成。
長條豬肉香腸（lunganega）	這種滋味溫和的豬肉香腸以豬肩肉和磨碎的帕馬森乳酪做成，製作時將香腸做成長條狀捲起，而不是分成一段一段相連。
普羅布斯托香腸（probusto）	義大利東北部的特倫提諾－上阿迪杰地區，有許多種當地產的德式香腸，「probusto」就是其中之一。這種香腸可以水煮或煎熟。
諾奇亞香腸（salsiccia norcina）	翁布里亞地區的諾奇亞以豬肉和野豬肉產品聞名，新鮮與乾燥有的肉品都有，當然也包括香腸。這個地區還有兩項重要的農產品，分別是小扁豆和菇類，都非常適合搭配當地產的香腸。

義大利辣香腸

義大利培根

帶骨豬排

義大利香腸

腰肉

香烤豬里脊

ARISTA IN PORCHETTA

4~6 人份主菜　　　　　　　　　拉吉歐 Lazio、馬爾凱 Marche、翁布里亞 Umbria

¼ 杯糖

1½ 杯細海鹽，另準備替五花肉調味的量

約 1 公升清水

1.8 公斤去骨豬里脊，將肌腱和脂肪修掉

1.8 公斤帶皮豬五花

現磨黑胡椒，用量依喜好

¾ 杯茴香籽

¾ 杯黑胡椒粒

2 大匙蒜末

傳統的義式香料烤乳豬（porchetta），是將整隻乳豬放在火上慢慢燒烤到肉變軟、皮變脆，不過時至今日，人們較常只使用成豬的里脊肉和豬五花來製作。義式香料烤乳豬來自義大利中部，每當有戶外活動，常有餐車會販賣用這種烤豬肉和硬皮麵包做成的美味三明治。在烹煮這道菜時，會需要用到稍大的容器，將豬肉完全浸在鹽水裡。動手前，也務必先騰出冰箱裡的空間。把豬肉放入鹽水裡浸泡 24 小時，豬五花則在調味後放入冰箱冷藏 8 小時。理想的時程安排，可於料理前一日早上開始讓里脊肉浸泡鹽水，當晚替豬五花調味並放入冰箱冷藏一整晚。若是時間不足，則至少讓里脊肉浸泡鹽水一整晚，不過，豬肉浸泡鹽水的時間愈長，風味愈佳，肉質也愈嫩。

・將糖和半杯鹽放入一個大到能夠讓整塊里脊肉浸泡在鹽水裡的容器中。將一大鍋水（約 4 公升）煮沸，然後將水倒入容器中。持續攪拌至鹽和糖完全溶解。在鹽水中加入大量冰塊以幫助降溫，這鍋鹽水的量一定要夠，才能讓豬肉完全浸泡。將豬里脊肉放在冰冷的鹽水中（若有必要可加入清水），然後放入冰箱冷藏 24 小時。

・在香料研磨器裡放入茴香籽與黑胡椒粒，磨碎混合。將磨好的香料和剩下的 1 杯鹽混合均勻。將一半混合香料放入一只小碗中，靜置一旁備用。

・以另一半混合香料調味豬五花肉，捨棄沒用完的剩餘香料。將豬五花肉包好，放入冰箱冷藏至少 8 小時。

・開始製作時，將烤箱預熱 180°C。將先前保留的綜合香料和蒜末加在一起混合均勻。

遺產品種豬指的就是原生品種，
是我們的祖先在雜交配種技術出現以前
所吃的豬肉品種。

·將豬里脊肉從鹽水中取出，拍乾，倒掉鹽水。在里脊肉和豬五
花的表面抹上大蒜香料。若有必要，可用一些保留下來的香料
將豬肉表面完全覆蓋起來。用豬五花肉將里脊肉完全包起來，
用棉繩綁好，每圈間隔約 2.5 公分（最簡單的作法是從中間開始
往兩端綁，見上圖）。將綁好的豬肉放在架在烤盤裡的烤肉架
上，放入預熱好的烤箱中，烘烤至里脊肉中間的內部溫度達到
59°C 且外層豬皮酥脆為止，可能至少需要 1 小時 15 分鐘，甚至
2 小時。烤好後，稍微靜置再行分切。

211

新鮮義式香腸

SALSICCIA FRESCA

10~15 條 10 公分長的香腸

約 1 公斤去骨豬肩胛肉，修整後切成
2.5 公分大丁

343 公克豬背脂肪，冷凍並切成約 1
公分小丁

3 小匙現磨黑胡椒

20.5 小匙細海鹽

20.5 小匙糖

1 大匙茴香籽

¼ 小匙肉豆蔻粉

3~4.6 公尺豬腸衣，浸泡後洗淨

　　這是 Eataly 紐約店使用的自製香腸食譜。義大利境內有許多不同類型、使用各種肉製成的新鮮香腸。舉例來說，皮埃蒙特地區朗格一帶有一種布拉香腸（Bra），製作時混用了小牛肉、豬肉以及包括芫荽與丁香在內的各種辛香料。在家自製香腸確實有點麻煩，不過花費的功夫是值得的。製作香腸會需要準備一些基本工具：裝設中孔徑葉片的絞肉機、灌香腸機。如果有桌上型攪拌器，應該可以買得到絞肉機與灌香腸機的配件。專門用來晾乾香腸的木架也是很有用的工具。也會需要腸衣，可在肉店裡購得。絞肉、混合與灌腸的操作會讓香腸肉混合物的溫度升高，因此應待開始操作時再把肉從冰箱裡拿出來，才能確保肉的溫度夠低，此外，脂肪應先冷凍，而且用來攪拌的攪拌盆也應該要事先冰過（金屬攪拌盆的效果很好，如果天氣炎熱，可以將攪拌盆放在一大碗冰塊上操作）。開始前，也應該把絞肉機放入冰箱冷藏。

· 以裝設中孔徑葉片的絞肉機將豬肩肉絞碎，再以同樣的葉片把豬脂肪絞碎。

· 將絞肉與脂肪放入一只大碗內（最好是冰過的金屬碗），撒上胡椒、鹽、糖、茴香籽與肉豆蔻，加入 1 杯冷水。若不加水，絞肉餡的口感會較像漢堡肉餡，又乾又碎。用手翻拌至香料均勻分布。製作香腸餡時，不要像製作肉塊或肉丸子一樣刻意搓揉。

· 取少許香腸餡放入鍋中煎到表面褐化，以便品嚐並依喜好調整調味料用量。

如何處理腸衣

腸衣通常是放在鹽裡保存。使用時，應將腸衣浸泡清水一整晚，期間換水一或兩次，再把腸衣完全洗淨。要沖洗腸衣內側時，一手拿住腸衣的開口，放在水龍頭下，讓腸衣注滿清水，捏住開口端，搖晃一下，讓清水稍微在腸衣裡流動。這時可順便檢查腸衣有沒有破洞。洗好後將水倒掉。在準備香腸餡時，把浸泡過且洗淨的腸衣放在一碗乾淨的水裡備用。豬腸衣很長，以這則食譜所使用的香腸餡份量，應該只需要一份豬腸衣就夠了。

·將腸衣套上灌香腸機，保留約 15 公分垂掛在末端。將香腸餡放入灌香腸機，緊密地將香腸餡填進腸衣裡，一邊填塞一邊將香腸盤捲起來。待腸衣灌滿後，在末端打一個雙結。用牙籤在腸衣上以 2.5~5 公分的間隔戳洞。如果看到任何氣泡，也用牙籤戳破，使之消泡。一手握著香腸的末端，另一手在每 10 公分的間隔處捏一下香腸，並在捏過的地方轉一下，做出鏈結狀。持續順著香腸每 10 公分間隔進行捏擰與旋轉的動作，最後替腸衣的另一端打結。再次檢查有無氣泡，有的話以牙籤戳破。

·將香腸吊掛在陰涼乾燥處晾乾 1~2 小時，最好是吊掛在架子上，若廚房溫度太高，可以放入冰箱。乾燥後放入冰箱冷藏。香腸和醃肉不同，必須在一、兩天內吃完。若要長時間保存，可放入冷凍庫。

家禽

ANIMALI DA CORTILE

　　義大利人喜愛雞肉與其他家禽的原因和所有人一樣——家禽肉很好用，而且價格較其他肉品實惠，也適用於各式各樣的調味。兔肉在義大利很常見，通常也被歸類到家禽之下。事實上，兔肉可以說是義大利的雞肉，是一種適用於各種調味方式的瘦肉，即使簡單烘烤也一樣美味，烘烤時也許可以在烤盤裡加點香草，同時一併放入馬鈴薯。如果喜歡吃酥脆的雞皮，則在料理的前一晚將雞肉放入冰箱冷藏，表面不要覆蓋，帶皮面朝上，讓大量水分蒸發。

義大利的雞（牛）肉卷

所有肉卷的基本作法：將去骨去皮的雞胸肉（或小牛肉薄片）敲薄（厚度低於 0.6 公分），然後切成一半。將選用的餡料（參考下列建議）取一些抹在每一片肉片上。將肉片捲起來，用棉線或牙籤固定。取一只能夠讓所有肉卷平鋪成一層的平底鍋，將肉卷的每一面都煎到上色。在鍋內倒入白酒，繼續烹煮到液體揮發。倒入高度到肉卷一半的足量高湯，蓋上鍋蓋，悶煮到肉（卷）完全熟透。另外，也可以依喜好以替鍋子去渣的方式製作醬汁。上菜前應移除肉卷上的棉線或牙籤。

切碎的炒菠菜與瑞可達乳酪
炒熟的蘑菇末與巴西里末
焦糖洋蔥與哥岡卓拉藍紋乳酪
麵包屑與切末的義大利培根
切末的橄欖與續隨子

義式惡魔烤雞

POLLO ALLA DIAVOLA

2 人份主菜

¼ 杯現磨黑胡椒

1~2 杯特級冷壓初榨橄欖油，醃漬用

2 個檸檬，切成薄片

1 隻燒烤用全雞，將雞胸與雞腿分開

6 個小番茄（可以櫻桃番茄替代）

¼ 杯未壓緊的芝麻菜

英文的「Cornish hen」或所謂的春雞，是適合兩人食用的特殊肉雞。當然，可以將材料的份量加倍，不過那可能就會需要兩只平底鍋。雞皮是整隻雞最好吃的部分，這道料理的精髓也在此。因為衛生的緣故，用來醃漬雞肉的橄欖油不能重複使用，因此可以選擇價格較實惠的橄欖油。食譜裡用到大量胡椒，讓這道菜異常辛辣；如果不希望胡椒太搶戲，可以斟酌減量。

· 取一只小碗，將胡椒和 1 杯橄欖油混合均勻。將一半的檸檬片放在一只 20 公分方型烤盤的底部平鋪成一層。將雞肉塊放上去，然後將剩餘的檸檬切片放在雞肉上平鋪成一層，將雞肉蓋起來。淋上調味過的橄欖油。若油脂無法完全覆蓋雞肉，則稍微加量。將雞肉放入冰箱內，至少醃漬 4 小時，至多 48 小時。

· 烤箱預熱 180°C。

· 取一個架子架在淺烤盤或大餐盤上。將雞肉從醃料裡取出，放在架子上滴油。

· 取一只可以放入烤箱的耐熱大平底鍋，放在中大火上加熱至高溫。將雞肉放入鍋中，雞皮面朝下，煎到雞皮上色變脆。將雞肉翻面，加入小番茄拋翻，然後整鍋放入烤箱中。烘烤至雞肉熟透且肉汁清澈的程度，約需 4~5 分鐘。將雞肉切成 6 塊，和番茄一起移入大餐盤裡。將芝麻菜鋪在雞肉上，趁熱端上桌。

烤鵪鶉佐麵包屑醬

QUAGLIE IN SALSA DI PANE

2 人份主菜 艾米利亞－羅馬涅 Emilia-Romagna、皮埃蒙特 Piemonte、
托斯卡尼 Toscana、翁布里亞 Umbria

1 杯無籽黑葡萄

1 枝新鮮迷迭香

3 大匙無鹽奶油

細海鹽，用量依喜好

現磨黑胡椒，用量依喜好

約 2 大匙橄欖油

4 隻鵪鶉（每隻約 113 公克重），部分去骨

1 杯紅酒

約 2 大匙細麵包屑（參考第 134 頁）

　　將葡萄烘烤過，以濃縮葡萄的味道，如此便能和鵪鶉本身的野禽味達到良好的平衡。將麵包屑加入醬汁裡的時候，記得不要一下放太多，否則醬汁會結塊。

· 烤箱預熱 200°C。

· 取一只烤盤鋪上烘焙紙，放上葡萄與迷迭香。綴以 2 大匙奶油，並以鹽和現磨黑胡椒調味。將葡萄放入預熱好的烤箱裡烘烤至爆開且流出汁液，約需 10 分鐘。將葡萄從烤箱裡取出，立刻將烤盤內的液體蒐集到一只碗裡，葡萄另外保留下來。烤箱保持運作。

· 取一只可以放入烤箱的耐熱平底鍋，以中大火加熱。在鍋內倒入能夠覆蓋鍋底的足量橄欖油。將剩餘的 1 大匙奶油加入鍋中。用鹽和胡椒替鵪鶉的兩面調味。放入鵪鶉，胸部朝上，煎封到表皮酥脆且變成金黃色。將鵪鶉翻面，然後將鍋子移入烤箱，烘烤到達到期望的熟度，約需 4 分鐘。

· 將鍋子從烤箱內取出，把鵪鶉移到架子上靜置，然後將平底鍋放到爐火上，用紅酒去渣。去渣的方式，先以中火將液體收稠，用翻拌的方式將紅酒和烹煮液體混合均勻，並把鍋底殘渣刮下來即成。待紅酒稍微收乾以後，加入預留的葡萄汁。品嚐並調整鹽用量。若醬汁太黏稠，可用少量清水稀釋。慢慢將麵包屑拌入醬汁，讓醬汁稍微變稠，不過應該讓醬汁保有能夠澆淋的流動性（可能不需要把麵包屑用完）。將葡萄和醬汁舀到兩只餐盤裡，然後在每只餐盤裡放兩隻鵪鶉。立刻端上桌。

兔肉醬佐寬麵

PAPPARDELLE AL SUGO DI CONIGLIO

6 人份第一道主食 艾米利亞－羅馬涅 Emilia-Romagna

1 隻兔子（約 907 公克重），切塊

細海鹽，用量依喜好

¼ 杯特級冷壓初榨橄欖油

2 根胡蘿蔔

2 根韭蔥

半杯雞高湯

¼ 杯番茄糊

新鮮寬麵，約用 6 杯未漂白中筋麵粉和 6 個大雞蛋製作（參考第 54 頁）

加入煮麵水用的粗海鹽

1 大匙無鹽奶油

¼ 杯磨碎的帕馬森乳酪

這道料理能讓兔肉本身的細緻滋味凸顯出來。如果能夠取得鴨油，可以將烹煮兔肉的油脂改成一半橄欖油與一半鴨油，以增添風味。兔肉的脂肪並不多，因此應以長時間低溫烹煮的方式來料理。

· 烤箱預熱 95°C。

· 以大量的鹽替兔肉調味後，放入一只能夠讓所有兔肉平鋪成一層的烤盤裡。將橄欖油加熱至溫熱，淋在兔肉上。將兔肉放入烤箱內烘烤至肉質變軟且上色，約需 2 小時。

· 烘烤兔肉的同時，將胡蘿蔔和韭蔥蔥白切丁。將一小鍋清水加熱至沸騰，放入蔬菜川燙至胡蘿蔔變軟，約需 8 分鐘。將蔬菜取出瀝乾，一旁備用。

· 將一大鍋水煮沸，煮麵用。

· 待兔肉煮熟（以肉品溫度計測量內部溫度達 70°C）且溫度降到可以徒手處理的程度時，將兔肉和骨頭分開。可用手指把兔肉拉下來，但要維持塊狀。移除的骨頭另外保留，可用來製作高湯。

· 取一只大平底鍋，以中火加熱。加入煮熟的胡蘿蔔、韭蔥、雞高湯與番茄糊，翻拌均勻。以鹽調味，在煮麵的同時以小火熬煮。

· 待大鍋內清水煮沸，加入鹽（參考第 20 頁），下寬麵。煮麵期間不時用長柄叉攪拌，直到寬麵浮上水面並煮到彈牙為止（參考第 55 頁）。

· 將兔肉加到微滾的醬汁裡，燉煮到兔肉完全熱透。待麵煮熟後，將奶油放入醬汁裡拌勻。將寬麵放入濾鍋內瀝乾，然後放入平底鍋的醬汁裡。在中火上大力拋翻至完全混合均勻，約需 2 分鐘。鍋子離火並拌入磨碎的帕馬森乳酪，立刻端上桌。

雞肝醬

PATÉ DI FEGATINI DI POLLO

約 2 杯   托斯卡尼 Toscana

454 公克雞肝，修整乾淨並拍乾
約 ¼ 杯特級冷壓初榨橄欖油
1 個大紅洋蔥，對切後切成細絲
細海鹽，用量依喜好
2 杯義大利聖酒（Vin Santo）
現磨黑胡椒，用量依喜好

若要將這道雞肝醬搭配麵包片，做成經典的托斯卡尼開胃菜，可以將鄉村麵包或是其他麵包體緻密的麵包切成薄片並稍微烘烤，抹上雞肝醬後便可上桌。也可以將雞肝醬搭配鹹餅乾，放在綜合拼盤裡。在 Eataly，我們會使用一種叫作「tamis」的鼓形平底篩來替雞肝醬壓過篩，不過，任何一種細目篩都可以用來替代這種工具。雞肝醬一定要過篩，否則就無法做出細緻宜人的口感。義大利聖酒是一種甜點酒，能夠和雞肝的野味形成對比，不過也可以使用一般的白酒來製作。

．將紙巾鋪在一只盤子裡，放上雞肝，吸除水分。用乾淨的紙巾將雞肝表面拍乾。

．將少許橄欖油倒入一只中型單柄鍋內，讓鍋底覆上薄薄一層油脂，並以中火加熱。放入洋蔥，以鹽調味，炒至洋蔥變軟上色。

．待洋蔥炒軟以後，將酒倒入鍋中。以中大火烹煮至液體量剩下一半，便可讓鍋子離火，放在一旁稍微降溫。

．同時，取一只大的深平底鍋，在鍋內倒入能覆蓋鍋底的足量橄欖油。待橄欖油加熱到接近冒煙點時，將雞肝放入鍋中平鋪成一層，並以大量鹽和胡椒調味。待雞肝的一面完成煎封以後，便可將雞肝翻面，煎封另一面，將雞肝煎到中央稍帶粉紅色的程度，總共約需 2 分鐘。

．煎好的雞肝移入食物調理機的攪拌盆內，食物調理機裝設金屬葉片。加入一半的洋蔥酒，攪打到非常均勻，約 2~3 分鐘。必要時可將攪拌盆側面的混合物往下刮。品嚐並以鹽調味，視需要決定是否加入更多洋蔥酒。繼續攪打、品嚐並調味，直到認為味道已經達到平衡為止。最後一次攪打，將雞肝醬打到非常滑順。

．將雞肝醬過篩。把雞肝醬舀入架在一只碗上的細目篩裡，以有彈性的麵團刀或刮刀將雞肝醬壓過篩網。

重點筆記：雞肝醬可以放入又窄又高的容器裡存放，以減少暴露在空氣中的面積。在替容器蓋上密合的蓋子之前，將一塊保鮮膜平貼在表面上，再蓋上蓋子並放入冰箱冷藏。雞肝醬也可以冷凍起來，以延長保存時間。上菜時，將冷凍的雞肝醬解凍，放入食物調理機內，用金屬葉片再次攪打至滑順。

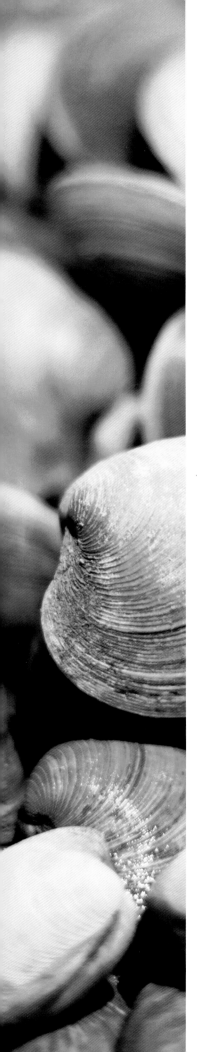

PESCE

魚 類 海 鮮

餐桌周圍常有讓人喜樂之事。

全魚與魚排

PESCE INTERO E FILETTI

　　義大利人常吃魚。義大利半島地形狹長，兩側分別是亞得里亞海和地中海，半島的海岸線超過 7500 公里，還有兩座島嶼（薩丁尼亞島和西西里島），因此非常容易取得海鮮。義大利人通常以燒烤或烘烤的方式來烹調魚排、全魚和魚柳，將它們做成簡單的主菜。

義大利人烹調魚排的方式

以下料理法適用於許多不同類型的魚肉。義大利常見的魚排包括鱈魚、比目魚、鱸魚、鯛魚與大比目魚。處理魚排時，一定要用手觸摸檢查是否有殘留的魚骨，如果是帶皮魚排，也要檢查有沒有殘留的魚鱗。魚排的優點是烹煮時間很短。

義式水煮魚 （pesce all'acqua pazza）	取一只大平底鍋，以中火將去皮拍碎的大蒜炒到上色，然後將大蒜挑掉。洋蔥末下鍋，翻炒到洋蔥變透明時，加入能在鍋底平鋪成一層的櫻桃番茄，並以鹽和胡椒調味。煮到大約一半的番茄爆裂，加入以等量白酒和清水的混合液，並加熱至微滾。將魚排（最好帶皮）放在番茄上，蓋上鍋蓋悶煮到魚肉變得不透明，約需 6 分鐘。待魚肉煮熟以後，從鍋內舀出少許液體，澆淋在魚排表面，然後將魚排移到大餐盤裡。將直麵煮到彈牙，取出瀝乾後放入平底鍋裡，在中火上與番茄醬汁拋翻，將麵完全煮熟。
亞得里亞式烤魚 （pesce all'Adriatica）	將一些麵包屑和足量橄欖油拌勻，讓橄欖油溼潤麵包屑，使之看起來像是潮溼的沙子。加入新鮮巴西里末，並以鹽和胡椒調味。將魚排放在一張鋪有烘焙紙或鋁箔紙的烤盤上，並將混合好的麵包屑撒在魚排上。將烤盤放入預熱炙烤爐內（不要太接近熱源，否則麵包屑會燒焦），炙烤到魚肉變得不透明、麵包屑上色，約需 7 分鐘。
義式檸檬魚排 （pesce al limone）	讓去皮魚排沾上點麵粉。取一只平底鍋，在鍋內倒入薄薄一層橄欖油，以中火將魚肉煎到上色且變得不透明，翻面一次，約需煎 5 分鐘。將魚排移出並保溫。將白酒、檸檬汁與續隨子混合物倒入鍋中烹煮，將鍋底的殘渣刮下來，熬煮成滑順的醬汁，約需 1~2 分鐘。將醬汁淋在魚排上，便可端上桌。
義式紙包魚 （pesce in cartoccio）	撕下一大張烘焙紙，將一塊帶皮魚排放在中央。在魚排上面放檸檬薄片、蔥絲與幾根蘆筍，淋上少許橄欖油。將烘焙紙折起來，把邊緣壓緊。以同樣的方式處理每一塊魚排。將包好的魚放在烤盤上，放入預熱 180℃ 的烤箱裡烘烤 15 分鐘。將紙包魚端上餐桌後再打開，打開時小心溢出的蒸氣。
威尼斯式醋漬炸魚 （pesce in saor）	將去皮魚排沾一點麵粉，以大量油脂油炸上色；炸好後一旁備用。過濾炸油，再舀幾匙放回平底鍋內。以同一只平底鍋將大量黃洋蔥炒到變軟但尚未上色的程度。加入 1 杯白酒醋，繼續烹煮幾分鐘。將松子和葡萄乾（如果葡萄乾很硬，可以先泡開）加入醬汁裡。將洋蔥平鋪在炸魚排上後，封蓋起來，放入冰箱冷藏，最好醃漬一整晚。上桌前，先置於室溫環境中回溫，或是以略冷的溫度享用。這道料理有時也會用完整的沙丁魚來製作。

品質標誌

購買在現場清理分切的魚肉海鮮，
確保能取得未經任何加工的產品。

魚肉海鮮和蔬菜水果一樣，也有地
域性，應該儘量購買當地產的漁獲。

新鮮漁獲富有海洋的味道，而非腥
味，肉質則平滑扎實。

利古里亞式醃鯷魚

ACCIUGHE MARINATE ALLA LIGURE

8 人份開胃菜 利古里亞 Liguria

約 1 公斤小型至中型新鮮鯷魚，去鱗
去內臟（參考第 227 頁）

細海鹽，用量依喜好

4 個檸檬的檸檬汁

2 大匙特級冷壓初榨橄欖油

4~5 片新鮮甜羅勒葉

利古里亞地區有許多味道清新的義大利料理，其中包括清淡的海鮮料理，如這道醃鯷魚。這道料理中的鯷魚可以帶骨上桌，也可以剔骨，成為綜合海鮮拼盤中的要角。利用可密封的玻璃容器來製作很方便。

·去掉鯷魚的頭，將魚身洗淨，移入一只耐酸材質的平底容器內。依喜好用鹽替鯷魚調味。

·將檸檬汁淋在鯷魚上。將容器蓋起來，放入冰箱冷藏至魚肉變得不透明，約需 5~6 小時。如此處理的鯷魚可以在冰箱裡保存至多 5 天，不過，鯷魚浸在檸檬汁的時間愈長，滋味會變得愈酸。

·上桌時，將鯷魚從檸檬汁裡取出，移到一只餐盤上。淋上橄欖油，並將甜羅勒葉撕碎後撒在鯷魚上。

茴香鯖魚

SGOMBRI AL FINOCCHIO

4 人份主菜   馬爾凱 Marche

細海鹽，用量依喜好

2 條鯖魚（每條約 907 公克重），去鱗去內臟（參考第 227 頁）

10 個珍珠洋蔥

4 條胡蘿蔔

1 根西洋芹

1 個帶葉的中型球莖茴香

1 枝扁葉巴西里的葉片

1 瓣大蒜

1 條橙皮

3 大匙特級冷壓初榨橄欖油

現磨黑胡椒，用量依喜好

1 大匙濃縮番茄糊

半個檸檬的檸檬汁

鯖魚和鮪魚這兩種魚在義大利都被歸類為「藍魚」（pesce azzurro），但千萬別和英文的「bluefish」（扁鰺）搞混，義大利的藍魚是指魚油含量高的魚類。儘管如此，如果買不到鯖魚，還是可以用扁鰺來代替。傳統作法是用整尾鯖魚來烹調，最後才剔骨，不過還是可以依喜好運用鯖魚排來製作這道料理。若使用魚排，就用 2.5 公分高的清水熬煮。

· 將一鍋鹽水加熱至沸騰，放入整條鯖魚，調整火力讓鍋內保持微滾，將鯖魚煮到靠近魚骨的部分也變得不透明的程度，約需 7~10 分鐘。用漏勺將鯖魚撈出，放在一旁降溫。鯖魚放涼後剔骨（參考第 228 頁作法）。將處理好的鯖魚放在一只大餐盤上平鋪成一層備用。

· 將洋蔥、胡蘿蔔、西洋芹、茴香球莖與茴香葉切碎。巴西里、大蒜與橙皮切末備用。

· 將橄欖油放入中型單柄鍋內，以中小火加熱。將洋蔥、胡蘿蔔、西洋芹、茴香、巴西里、大蒜與橙皮放入鍋中不斷翻炒至軟，約需 10 分鐘。以鹽和胡椒調味。

· 將濃縮番茄糊和 1 大匙清水拌勻並攪打至滑順，加入鍋中烹煮到變稠，約需 5 分鐘。

· 醬汁離火，拌入檸檬汁。將醬汁淋在鯖魚排上。室溫上桌。

如何殺魚並替魚去鱗

Eataly 很樂意替客人殺魚去鱗，不過如果想自己動手，可以按照下列方式：

1. 以狹長鋒利的刀，沿著魚肚，從喉部到尾巴整個劃開。

2. 把手伸進去，將內臟拉出來丟掉，並洗淨魚的體腔。

3. 用廚房剪刀剪掉魚鰓和魚鰭。

4. 用奶油刀筆直的一側刮掉魚鱗。操作時將刀片置於靠近尾部之處，讓刀片呈 45 度角，朝著頭部往前刮。鱗片會四處飛濺，因此最好將魚放在深水槽裡操作。用手指觸摸魚身，檢查是否還有沒刮乾淨的魚鱗。

燒烤魚

PESCE ALLA GRIGLIA

4 人份主菜　　坎帕尼亞 Campania、利古里亞 Liguria、西西里島 Sicilia、托斯卡尼 Toscana

2 個檸檬

¼ 杯特級冷壓初榨橄欖油

2 枝新鮮迷迭香或馬鬱蘭

2 條全魚,每條約 907 公克重,去鱗去內臟(參考第 227 頁)

細海鹽,用量依喜好

現磨黑胡椒,用量依喜好

這道菜的作法很簡單,且能展現出鮮魚的鮮嫩肉質。最好使用烤架,若用燒烤盤,魚皮很容易整個黏在上面,不易保持完整。

·將 1 個檸檬榨汁,檸檬汁和橄欖油放入一只耐酸材質的大碗裡。

·將剩餘檸檬切片,把檸檬片和一枝香草放入每條魚的魚肚裡。將魚放入盛有橄欖油和檸檬汁的大碗內,翻動一下,讓表面均勻沾附液體。取出後以鹽和胡椒調味,在準備戶外烤爐時靜置備用。如果沒有烤爐,可以預熱鑄鐵烤盤或炙烤爐,或是將烤箱預熱230℃,將魚放入烤箱烘烤,每 2.5 公分厚的魚肉約需烘烤 10 分鐘。

·待烤爐達到高溫,將魚放上去燒烤,翻面一次(可以使用烤架),烤至靠近骨頭的魚肉也變得不透明,每 2.5 公分厚的魚肉約需烤 8 分鐘。

·將烤好的魚放在大餐盤上靜置 1~2 分鐘,然後替魚去骨,便可端上桌。

如何替熟魚去骨

1. 將魚側放在工作檯面或大餐盤上,用一把鋒利的刀子,沿著背部一路切到脊椎旁尾鰭位置。

2. 順著第一刀的切口,從頸部往尾部,往魚腹方向再劃第二刀。

3. 刀面保持與魚骨平行,讓刀面在魚肉下方貼著脊椎,再劃一刀深入魚腹,慢慢讓魚肉和骨頭分開。接下來,應該可以將魚尾抬起來,讓魚骨和剩下的魚排分開。

4. 把頭切掉。

5. 若魚很大,可以將每片魚排切成 2 份以上。

烤鮪魚佐義式燴甜椒

TONNO ALLA GRIGLIA CON PEPERONATA

4 人份主菜　　　　　　　　　　　　　　　　　　　　西西里島 Sicilia

2 個紅甜椒

2 個黃甜椒

2 個橘甜椒

1 條新鮮辣椒

¼ 杯加 1 大匙特級冷壓初榨橄欖油，若有必要可增加用量以替燴甜椒重新加熱

1 瓣大蒜，拍碎

1 個大型黃洋蔥，切丁

1 個大型球莖茴香，切丁

2 片月桂葉

1 枝新鮮迷迭香的葉子，略切

細海鹽，用量依喜好

現磨黑胡椒，用量依喜好

2 塊鮪魚排（總重約 680 公克）

　　義式燴甜椒是一道經典的南義料理，非常適合搭配簡樸的魚肉料理。在 Eataly，我們用義式燴甜椒來搭配烤鮪魚排，或是醃漬鯷魚或沙丁魚，例如第 226 頁的利古里亞式醃鯷魚。這道燴甜椒用的是紅甜椒、黃甜椒與橘甜椒，並沒有用到青椒。在義大利料理中通常不會看到青椒，因為義大利人認為青椒沒有成熟而且難以消化。

· 甜椒去核去籽，切成 5 公分長的細絲。辣椒去籽並切成比甜椒還細的細絲。

· 將 ¼ 杯橄欖油放入深平底鍋內，以中大火加熱。放入大蒜，烹煮約 2 分鐘，將大蒜炒軟。加入洋蔥並持續翻炒至洋蔥變透明，約需 7 分鐘。放入茴香、所有的甜椒、辣椒、月桂葉與迷迭香，並依喜好以鹽和黑胡椒調味。

· 將蔬菜煮到非常軟，完全失去清脆口感，約需 20 分鐘。將燴甜椒置於室溫環境中備用，或是放入密封容器中冷藏保存至多 3 天。

· 待準備料理鮪魚時，將戶外烤爐或鑄鐵烤盤加熱至高溫。

· 將剩餘的 1 大匙橄欖油刷在鮪魚表面，並以鹽和黑胡椒調味。將鮪魚放上去燒烤，翻面一次，烤到表面上色但內部仍為紅色，每 2.5 公分厚的魚排約需烤 5 分鐘。

· 若將燴甜椒置於容器內冷藏，此時則以單柄鍋內重新加熱，若有必要，可加入少許橄欖油以避免沾黏。

· 將鮪魚排切成 4 份。將燴甜椒放在鮪魚排上，趁熱端上桌。

鹽烤海鱸

BRANZINO AL SALE

4 人份主菜

1 個檸檬

2 個蛋白

6 杯細海鹽

3 枝新鮮的馬鬱蘭

1 條海鱸全魚（約 680 公克），去鱗去內臟（參考第 227 頁）

2 大匙特級冷壓初榨橄欖油

這份食譜適用於所有種類的全魚，其中又屬歐洲海鱸最受青睞，如銀花鱸魚。採購時，每兩人份以 340 公克計。用來包覆全魚的鹽殼並不會讓魚肉特別鹹，不過卻能讓魚肉保持溼潤。若想要更有表現力一點，可以在上桌後，再把鹽殼敲開。可依喜好選用任何香草放入魚肚裡，也可用磨碎的香料替鹽調味（參考第 20 頁）。同樣的技巧也可以用來烘烤全雞、烤牛肉或里脊。

· 烤箱預熱 230°C。

· 將檸檬切成 8 瓣備用。

· 取一只大碗，將蛋白和 ¼ 杯清水攪拌均勻。加入鹽，翻拌至鹽完全溼潤。混合好後的鹽糊質地應該很像溼沙子。如果覺得太乾，可以加入更多清水，每次加入約 2 大匙，直到用手抓起一把鹽糊，可以在手中保持成團為止。

· 將四分之一的鹽糊抹在烤盤底部，烤盤應比魚稍微大一點就好。如果沒有適當大小的烤盤，則將鹽糊放在烤盤上抹成比魚稍大的薄薄一層。

· 將檸檬片和馬鬱蘭放入魚肚。把魚側放在鹽床上。將剩餘四分之三的鹽糊倒在整條魚上。用手掌將鹽壓緊，做出密封的鹽殼。

· 放入烤箱，烘烤 25 分鐘。烤好以後將烤盤取出，讓魚在鹽殼裡靜置 10 分鐘，然後用木匙背面敲打鹽殼正面，讓鹽殼裂開。將上方鹽殼移除（鹽殼應該可以整塊拿掉）。可以在烤盤裡替魚去骨，或是將魚移到砧板上再處理。去骨後，將魚片分成 4 份。輕輕將卡在表皮的鹽塊刷掉，將魚肉擺到個別餐盤裡。淋上橄欖油後立刻端上桌。

海鱸佐托斯卡尼羽衣甘藍

SPIGOLA AL CAVOLO NERO

4 人份主菜   托斯卡尼 Toscana

454 公克托斯卡尼羽衣甘藍

2 大匙特級冷壓初榨橄欖油，以及盛盤時淋撒需要的量

1 個洋蔥，切丁

1 瓣大蒜，切末

⅓ 杯煮熟的鷹嘴豆

細海鹽，用量依喜好

現磨黑胡椒，用量依喜好

4 條歐洲海鱸（總重約 680 公克），帶皮

半杯白酒或清水

表面凹凸不平的托斯卡尼羽衣甘藍，有時也被稱為「拉琴納托羽衣甘藍」（lacinato kale），它需要的烹煮時間比皺葉甘藍短。這種甘藍是托斯卡尼蔬菜湯（第 164 頁）的主要材料，不過也有許多不同的用途，例如墊在魚排的下面。要做出酥脆的魚皮，可以將沒有覆蓋任何東西的生魚排以帶皮面朝上的方式放入冰箱冷藏乾燥，至多不要超過 24 小時。

・去掉羽衣甘藍的硬莖，丟掉或留作他用。將菜葉部分切成細絲。

・將橄欖油放入大型深平底鍋內，以中火加熱。放入洋蔥持續翻炒至金黃，約需 3 分鐘。放入大蒜、鷹嘴豆與羽衣甘藍，並以鹽和胡椒調味。不斷翻炒至羽衣甘藍萎軟，約需 10 分鐘。同時，稍微以鹽和胡椒替魚肉調味。

・將羽衣甘藍從鍋中移出，靜置備用。將魚排放在鍋底，帶皮面朝下。將魚排煎至魚皮稍微焦黃，約需 3 分鐘，期間不應移動魚排。

・取出魚排，放回羽衣甘藍，將菜葉鋪滿鍋底。倒入白酒。將魚排放在羽衣甘藍上，帶皮面朝上。蓋上鍋蓋，以小火悶煮到菜葉變得非常軟且魚排熟透，約需 8 分鐘。期間若鍋內液體不足，可以從鍋緣加入少量清水，但不要淋在魚排上，否則魚皮會變軟。

・淋上少許橄欖油，趁熱上桌。

西西里式旗魚排

PESCE SPADA ALLA SICILIANA

4 人份主菜   西西里島 Sicilia

---

4 片旗魚（約 454 公克），每片約 1.6 公分厚

細海鹽，用量依喜好

¼ 杯特級冷壓初榨橄欖油，另準備少許盛盤時使用

¼ 小匙乾燥的奧勒岡

¼ 杯麵包屑（參考第 134 頁）

新鮮奧勒岡末，裝飾用

1 個檸檬，切成 8 片

西西里島是一個海島，有著義大利最棒的海鮮；當地的旗魚與鮪魚尤其著名。旗魚用煸炒的方式烹調也很美味。

· 將烤架放在烤盤或大餐盤上。

· 以鹽替旗魚調味。將橄欖油放在淺碗內，然後把旗魚放進油裡。撒上奧勒岡。替旗魚翻面，讓兩面都裹上橄欖油，然後將旗魚移到烤架上，將多餘的橄欖油瀝乾。

· 將戶外烤爐或鑄鐵烤盤預熱至高溫。

· 讓旗魚沾上麵包屑，放到烤盤上烤，翻面一次，烤到中心變得不透明且兩面都上色焦黃，約需 10 分鐘。

· 依喜好以鹽調味，然後淋上橄欖油，撒上新鮮的奧勒岡葉，並搭配檸檬片後上桌。

以「義式風格」烹調的魚肉，
並沒有使用額外的油脂，調味極其簡單，
因而有著非常細緻的風味。

海鮮

FRUTTI DI MARE

　　義大利除了魚類之外的海鮮，可分成三大類：帶殼貝類，如蛤蜊與貽貝；頭足類，如墨魚（cuttlefish）、烏賊（calamari）與章魚；甲殼類，如龍蝦、螃蟹和蝦。一般來說，這些海鮮的處理方式大同小異。料理帶殼貝類時，以少許白酒蒸煮至貝殼打開，這樣就很美味。頭足類的處理，要不是大火快炒（烏賊不用 1 分鐘就能煮熟）就是長時間燉煮；其他作法都會讓肉質過於堅韌。甲殼類則最好採用蒸煮或燒烤的方式烹調，也常常被用來製作麵醬。

烹調海鮮時鹽要放少一點，
才能做出滋味更豐富也更健康的料理。

貽貝

草蝦

鳥蛤

蛤蜊

剃刀貝

牡蠣

義大利人處理烏賊的方法

烏賊與義大利的關係如此密切，以至於市面上的烏賊常常是以其義大利文名稱「calamari」來稱呼，即使在英語系國家亦是如此。市面上販賣的烏賊，幾乎都是清理過的，墨囊和軟骨都被移除了。義大利的超市也能找到以小包裝形式販售的烏賊墨汁，可以用來替蛋麵上色調味（參考第 55 頁），或是煮燉飯，讓燉飯染上驚人且帶有光澤的黑色。炸烏賊的美味也讓人難以抗拒，只要按照第 245 頁綜合炸海鮮的食譜，用額外約 900 公克的烏賊來代替蝦子和胡瓜魚即可。小章魚和墨魚、烏賊非常類似，也可以替換使用。

拿坡里烏賊麵 （calamarata）	這道傳統拿坡里料理用了兩種「烏賊圈」：真正的烏賊和同名的環形義式麵食。將烏賊身切成 5 公分寬的環狀。取一只單柄鍋，以特級冷壓初榨橄欖油爆香大蒜與辣椒。放入烏賊圈，拋翻 1~2 分鐘，然後倒入白酒。待白酒幾乎完全蒸發，加入大量切成 4 瓣的櫻桃番茄。烹煮到番茄完全出水且烏賊變軟，約需 30 分鐘。以大量鹽水將麵煮到彈牙，再瀝乾並加入鍋裡拋翻混合均勻。
鑲烏賊 （calamari ripieni）	將烏賊的觸手和烏賊身分開，並將觸手切碎。切好以後，迅速以少量橄欖油翻炒，然後拌入蒜末、細麵包屑與續隨子。將拌好的麵包屑填入烏賊身裡，若有必要可用牙籤封口。以燒烤、翻炒或烘烤方式烹煮到烏賊變得不透明。
燉烏賊 （calamari in umido）	將烏賊身切成 2.5 公分寬的環狀。取一只湯鍋，以橄欖油爆香蒜末，放入烏賊、一把去籽黑橄欖、新鮮馬鬱蘭葉與番茄糊，熬煮至烏賊變軟，約需 35~45 分鐘。拌入切碎的菠菜，繼續煮到菠菜萎軟。
烏賊沙拉 （insalata di calamari）	這道菜非常適合用在綜合海鮮開胃菜拼盤。將烏賊觸手和身體分開，觸手縱切成兩半，魚身體切成環狀。將烏賊放入沸水中煮至變白，約需 1~2 分鐘。取出瀝乾，並趁熱和一些煮熟的白豆與紅洋蔥絲拌勻。將檸檬汁與特級冷壓初榨橄欖油打勻，並淋在沙拉上。放入冰箱冷藏。上桌時可以擠入額外的檸檬汁並拌入少許扁葉巴西里末。
墨魚汁燉飯 （risotto nero）	按照第 149 頁的方法準備基本燉飯。將墨魚汁用水或魚高湯調開，在米半熟時加入燉飯。在最後一次加高湯時，將切好的烏賊身和觸手一起拌進去。淋上大量橄欖油，趁熱上桌。若要替這道料理做點變化，可以將各式各樣的海鮮和烏賊一起下鍋，例如蝦子。
烤烏賊 （spiedini di calamari）	將烏賊觸手和烏賊身分開，並將烏賊身切成 5 公分寬的環狀。用竹籤把烏賊串起來，竹籤尖端應該要穿過烏賊圈的兩側。依喜好，在兩塊烏賊圈之間插入櫻桃番茄。混合麵包屑、巴西里末與蒜末，並加入橄欖油拌勻，然後把串好的烏賊放進去沾覆後，以炙烤或燒烤的方式將烏賊烤熟。

薩丁尼亞珍珠麵佐烏賊鷹嘴豆沙拉

INSALATA DI FREGOLA CON CALAMARI E CECI

4 人份主菜　　　　　　　　　　　　　　　　薩丁尼亞島 Sardegna

---

680 公克烏賊

加入煮麵水的粗海鹽

227 公克（半包）薩丁尼亞珍珠麵

¼ 杯特級冷壓初榨橄欖油

1 杯煮熟的鷹嘴豆

1 個小紅洋蔥，切末

半個檸檬的檸檬汁

1 瓣大蒜，切末

2 大匙扁葉巴西里末

2 大匙新鮮奧勒岡末

細海鹽，用量依喜好

現磨黑胡椒，用量依喜好

　　薩丁尼亞珍珠麵就如庫斯庫斯（Couscous，又作古斯米、北非小米、蒸粗麥粉），是一種焙炒過的小球狀硬粒小麥麵食。薩丁尼亞珍珠麵的表面粗糙，適合吸收液體，通常搭配湯品以及室溫沙拉。由於薩丁尼亞本身是個島嶼，這種具有代表性的麵食很自然地也常被用來搭配海鮮，尤其是蛤蜊、貽貝和烏賊。在製作薩丁尼亞珍珠麵的時候，偶爾也會加入少許番紅花。以下介紹的食譜可說是為珍珠麵量身打造的。

・將烏賊觸手縱切成兩半，並將烏賊身切成環狀。

・將一大鍋清水煮沸。水沸騰後加入粗鹽，和煮義大利麵一樣（參考第 20 頁），放入烏賊，煮到烏賊變得不透明，約需 30 秒。用漏勺將烏賊撈出。

・薩丁尼亞珍珠麵放入鍋內，煮至彈牙，約需 10 分鐘，期間頻繁攪拌。將麵瀝乾，加入 1 大匙橄欖油拋翻，靜置一旁放涼。

・將烏賊、鷹嘴豆、紅洋蔥與煮熟的薩丁尼亞珍珠麵放入大碗內拌勻。取一只小碗，將剩餘的 3 大匙橄欖油、檸檬汁、大蒜、巴西里與奧勒岡放進去攪打，用少許鹽和胡椒調味，再將醬汁淋在沙拉上，把全部材料翻拌均勻。

・室溫上桌。

章魚馬鈴薯沙拉

INSALATA DI POLPO E PATATE

4 人份主菜　　　　　　　　　　　　　　　　　薩丁尼亞島 Sardegna

1 隻章魚（約 680 公克）

1 大匙細海鹽，可依喜好增加用量

2 個中型育空金黃馬鈴薯

¼ 杯未壓緊的扁葉巴西里

1 個紅洋蔥

1 大匙西洋芹末

2 小匙白酒醋

2 大匙特級冷壓初榨橄欖油

現磨黑胡椒，用量依喜好

¼ 杯未壓緊的西洋芹葉

　　這道主菜沙拉能凸顯出章魚的質地與風味，而且幾乎可以用任何一種海鮮來代替食譜中的章魚。海鮮沙拉在義大利隨處可見，不過每個地區的作法稍有不同。以下介紹的食譜來自薩丁尼亞島。在普利亞地區，會用切成薄片的胡蘿蔔與西洋芹代替橄欖與馬鈴薯，至於在卡拉布里亞地區，則會看到用檸檬汁而非酒醋調味的作法。

　　·將章魚放在一只大鍋內，注入剛好淹過章魚的清水。在鍋內加入 1 大匙鹽。將水煮沸，然後調降火力，熬煮到章魚變軟，約需 50 分鐘。將章魚瀝乾，靜置一旁稍微降溫，不要完全放涼。

　　·同時，將馬鈴薯放在另一只鍋內，並在鍋中注入淹過馬鈴薯的清水。將水煮沸，然後將水調小，熬煮到可以輕易將馬鈴薯皮剝掉的程度，約需 30 分鐘。馬鈴薯取出瀝乾，靜置一旁稍微降溫，不要完全放涼。

　　·待馬鈴薯的溫度降到可以徒手處理的程度，替馬鈴薯剝皮，然後切成約 1 公分厚的圓片，放入一只大碗中。

　　·將章魚的頭部和觸手分開。觸手切塊，加入放了馬鈴薯的碗裡。如果頭裡面的囊還沒去掉，則在此時清乾淨，然後將頭部切塊並加入碗中。

　　·大致將巴西里切碎，加入碗中。洋蔥對切後切細絲，和西洋芹一起加入碗中。橄欖油與醋放入小碗中打勻，並以鹽和胡椒調味。將醬汁淋在沙拉上，翻拌均勻。

　　·若能讓沙拉在室溫環境中靜置 1 小時左右，可使風味更上一層樓，或將做好的沙拉放入冰箱冷藏，待上桌前再取出靜置回到室溫。以西洋芹葉裝飾。

亞得里亞海鮮湯

BRODETTO

6 人份主菜　　　　　　　艾米利亞－羅馬涅 Emilia-Romagna、馬爾凱 Marche

¾ 杯乾的義大利白腰豆

1 杯蛤蜊高湯或魚高湯（參考「重點筆記」）

3~4 根乾辣椒

4 瓣大蒜，拍碎

1 大匙特級冷壓初榨橄欖油

細海鹽，用量依喜好

現磨黑胡椒，用量依喜好

680 公克蛤蜊

680 公克貽貝

907 公克扇貝

半杯壓緊的扁葉巴西里

半杯壓緊的新鮮甜羅勒

這道海鮮湯在亞得里亞海沿岸非常受歡迎，而且每個廚師的作法都稍有不同。蛤蜊與貽貝必須要清洗得非常乾淨，因為下鍋以後，就沒機會再過濾湯汁。將蛤蜊和貽貝放在鹽水中吐沙，讓沙子完全吐乾淨，然後拉掉貽貝的足絲。用貽貝殼互相摩擦，磨掉表面砂礫。如果手邊有煮熟的義大利白腰豆或其他豆子，也可以把它們拿來使用，如此就可跳過浸泡與煮豆子的步驟；這道料理需要用到約 1 杯熟豆子。亞得里亞海鮮湯是一道簡樸的鄉村料理，貽貝和蛤蜊不用去殼，讓食客自己動手。有些地區的亞得里亞海鮮湯會使用比較大的貝殼，也有放入全魚或魚排的作法。但貽貝、蛤蜊與扇貝能帶來濃郁的海味。

・將豆子放入清水中浸泡一整晚，然後煮至軟（第 34 頁）。保留煮豆水。

・取一只有密合鍋蓋的大型厚底湯鍋，將蛤蜊高湯、保留下來的煮豆水、辣椒、大蒜與橄欖油放進去拌勻。依喜好以鹽和胡椒調味，加熱至沸騰。

・放入蛤蜊，蓋上鍋蓋，煮至蛤蜊打開，約需 4~6 分鐘。將沒有打開的蛤蜊挑掉，打開的蛤蜊撈出備用。

・將貽貝放入鍋中，煮至貽貝打開，約需 3~4 分鐘。將沒有打開的貽貝挑掉，打開的貽貝撈出備用。

・加入扇貝，烹煮至顏色變得不透明，約需 2 分鐘，然後將蛤蜊和貽貝放回鍋中。巴西里與甜羅勒切碎，和煮熟的豆子一起拌入鍋中。

・調味至平衡後趁熱上桌。

重點筆記：若要製作蛤蜊高湯，可以將數斤蛤蜊放入 2 杯清水煮到蛤蜊打開，將鍋內液體過濾後保留備用。至於魚高湯，則是在烹煮全魚時保留魚頭和魚骨，將它們完全洗淨，放在冷水裡浸泡 8 小時，然後將魚頭魚骨和一根胡蘿蔔、一根西洋芹、兩片月桂葉和幾粒胡椒一起放入水中慢慢熬煮，做成高湯。過濾高湯並放入冰箱冷凍。必要時，可用清水代替高湯，儘管做出來的海鮮湯，味道深度不同，不過還是一樣美味。

如何享用亞得里亞海鮮湯

享用亞得里亞海鮮湯，是很具挑戰性的一件事。除非你是吃亞得里亞海鮮湯的專家，否則享用時千萬不要穿白色上衣。

1. 把袖子捲起來。把餐巾塞到脖子裡。

2. 別害怕動手把大型貝殼打開。用手把蝦頭魚頭拿起來吃，把蝦貝類的肉吸乾淨。

3. 將吃剩的殼丟在餐桌中央的碗裡。

4. 用厚片麵包將盤內剩餘的湯汁沾起來吃掉。

綜合炸海鮮

FRITTO MISTO DI PESCE

6 人份前菜　　　　坎帕尼亞 Campania、艾米利亞－羅馬涅 Emilia-Romagna、
拉吉歐 Lazio、利古里亞 Liguria、馬爾凱 Marche、維內托 Veneto

---

454 公克中型蝦

454 公克魷魚

1½ 杯速溶麵粉（instant flour）

1 杯玉米澱粉

一撮糖

一撮辣椒粉

2 小匙細海鹽，可依喜好增加用量

2 小匙現磨黑胡椒

6 杯橄欖油

2 杯菜籽油

454 公克胡瓜魚或沙丁魚，清理好後
保留完整

2 杯全脂牛奶

2 枝扁葉巴西里

1 個檸檬，切成 8 瓣

現代人多半害怕油炸，不過只要咬一口外皮酥脆的炸魚或炸蝦貝，你絕對會同意，所有的麻煩都是值得的。油炸料理之所以麻煩，是因為油炸真的會把廚房搞得一團亂。因此，在油炸時務必要使用夠高且直徑夠小的深鍋，才能盡可能地避免熱油噴濺。當然，如果有電子油炸機，就會很方便。速溶麵粉是一種細磨的低蛋白質麵粉。胡瓜魚的體積很小，可以和骨頭、魚頭一起整條吃掉。

·蝦子去殼去腸泥。將魷魚觸手和身體分開，觸手保持完整，身體切成環狀。

·取一只碗，放入速溶麵粉、玉米澱粉、糖、辣椒粉、2 小匙鹽以及胡椒，混合均勻。在一只烤盤上鋪好紙巾。

·將橄欖油與菜籽油放入荷蘭鍋或高湯鍋，油的高度應該要達20 公分。將一支煮糖溫度計夾在鍋子上，以中火加熱。將油溫加熱到 135°C，並在炸魚的時候讓油溫維持在這個溫度。

·將魚和蝦貝放入牛奶裡浸一下，然後沾上粉料。將多餘的粉拍掉，放入熱油裡油炸到表面酥脆且變成金棕色，約需 5 分鐘。若有必要，可分批油炸，以保持油溫穩定。

·炸好的海鮮用漏勺移到準備好的烤盤上，立刻撒鹽。待所有海鮮都炸好以後，將巴西里枝放入熱油中炸到酥脆。取出巴西里枝，放到準備好的烤盤上，並撒上鹽，最後全部移到大餐盤上，並把炸好的巴西里葉從莖上撕下來，放在魚肉海鮮上。趁熱搭配檸檬瓣上桌。

甜 點

傳統義大利糕點
可以說是美味的藝術作品。

巧克力

CIOCCOLATO

當義大利人說「la dolce vita」（甜蜜人生）時，並不是專指巧克力，不過巧克力絕對是甜蜜人生中很重要的一部分。當然，不是每天都可以吃一堆巧克力，不過吃一點高品質巧克力，確實可以讓心情變好。義大利人認為巧克力是心靈的食物，生命中若是沒有巧克力，會少了許多樂趣。

義大利皮埃蒙特地區的甜食

皮埃蒙特地區以巧克力聞名，還有和巧克力味道很搭的咖啡與榛果。一般而言，該地區的糖果和甜食也都很不錯。義大利的巧克力製作以皮埃蒙特地區為發源地，始於十六世紀，當時由於薩沃伊王朝（Ducato di Savoia）的緣故，讓巧克力大為風行。

艾爾菲耶里巧克力 （alfierino）	雕上義大利劇作家維托里奧・艾爾菲耶里（Vittorio Alfieri）肖像的巧克力。
凱拉斯科之吻 （baci di cherasco）	黑苦巧克力與榛果做成的果仁巧克力。
牧師的扣子 （bottoni del prete）	色彩繽紛的硬糖，通常是水果口味。
薩沃伊熱巧克力 （cioccolata di savoia）	以薩沃伊皇朝為名；加了咖啡、牛奶和糖的濃稠巧克力飲料。
義式榛果巧克力 （gianduiotto）	榛果和巧克力做成的果仁巧克力，狀似加長的金字塔，質地非常滑順。
糖漬栗子 （marrons glacés）	糖漬栗子；儘管名稱為法文，它其實源自於十五世紀早期的皮埃蒙特地區。
義式榛果牛軋 （torrone di nocciole）	利用當地蜂蜜製作的榛果牛軋糖。
糖漬紫羅蘭 （violette candite）	將紫羅蘭花浸入熱糖漿裡，然後取出晾乾製成。

白巧克力

榛果巧克力

用於烹飪的
可可脂

開心果巧克力

義式榛果巧克力
（gianduja）

糖漬水果
巧克力

義式榛果巧克力
（gianduiotti）

三色榛果巧克力

牛奶巧克力

開心果黑巧克力

方形黑巧克力

可可粉

可可軟心巧克力糖

如何享用各種抹醬

義式榛果巧克力醬有著滑順的質地與讓人無法拒絕的好味道，如毒藥一樣讓人上癮。榛果巧克力於 1860 年代在皮埃蒙特地區發展出來，由於拿破崙戰爭時，可可是配給物資，而榛果在皮埃蒙特地區的分布範圍極廣，因此被用來替為數不多的巧克力增加份量，才無意間發現這種終極美味的組合。時至今日，義式榛果巧克力經常以滑稠的抹醬形式出現在餐桌上。它是「淑女之吻」這種夾心餅乾的餡（第 257 頁），不過義大利人喜歡把它抹在幾乎所有東西上享用。

1. 用榛果巧克力醬當成三明治的夾心。這是非常受義大利兒童歡迎的點心，就如美國的花生醬果醬夾心三明治。

2. 將榛果巧克力醬抹在可麗餅或義式煎餅上。

3. 將一支湯匙插進榛果巧克力醬裡，將湯匙拿起來放入嘴中。重複這個動作。更建議直接用手挖，不過這可能會搞得髒兮兮的。

牛奶榛果抹醬　　　　糖漬栗子抹醬　　　　榛果巧克力抹醬

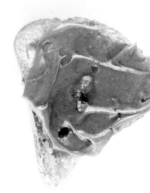

巧克力抹醬　　　　黑巧克力抹醬　　　　咖啡抹醬　　　　開心果抹醬

巧克力薩拉米

SALAME DI CIOCCOLATO

一條巧克力薩拉米，10~12 人份

198 公克黑巧克力

14 大匙（1¾ 條）軟化的無鹽奶油

半杯砂糖

2 個大雞蛋

6 大匙蘭姆酒

283 公克酥脆的手指餅乾或其他原味
餅乾

這種「甜點薩拉米」很容易製作，很討喜，甚至不需動用到烤箱。這道甜點常出現在冬季假期的義大利家庭餐桌上，可依喜好用不同的烈酒來代替蘭姆酒。甜點中有使用生雞蛋，請視接受度調整。

· 將一大張蠟紙放在工作檯面上。

· 將巧克力放在雙層鍋內，隔水加熱至融化。

· 用手持式均質機將砂糖和奶油攪打至混合物蓬鬆輕盈。加入雞蛋，繼續攪打。加入融化的巧克力，攪打均勻。加入蘭姆酒，攪打均勻。最後將手指餅乾壓碎並加入拌勻。

· 將巧克力糊倒在準備好的蠟紙上，塑成圓柱形，用烘焙紙包好並把兩端扭緊，看起來就像是一顆大糖果。再以鋁箔紙包在最外面，放入冰箱冷藏至變硬，至少需要冷藏 12 小時。

· 上桌時，將包裝紙拆掉，用鋸齒刀切成厚片享用。

餅乾

BISCOTTI

義大利人喜歡吃餅乾，不過，也不盡然是因為他們特別貪吃。每到重要節日，義大利人不但會準備奢華的節慶餐點，也會在過節前後拜訪親朋好友，家裡常熱鬧到好像全天開放參觀一樣。在這樣進進出出的場合，桌上很需要有一盤餅乾以及一些堅果和果乾，讓客人隨意享用。

義大利的傳統餅乾

杏仁小圓餅（amaretti）	倫巴底地區、皮埃蒙特地區	苦杏仁餅乾。
美味醜東西（brutti ma buoni）	皮埃蒙特地區	用榛果和蛋白做成的餅乾，外觀凹凸不平。
小籃子餅乾（canestrelli）	利古里亞地區	雛菊狀的糖餅，中央有孔，製作時會在麵團裡加入熟蛋黃。
小手環餅乾（cuccidati）	西西里地區	用糕餅麵團做成、表面撒有彩色糖珠的無花果夾心餅乾。
皇冠餅乾（cudduraci）	卡拉布里亞地區	將使用豬油做成的麵團，形塑成複雜的形狀，經常採用編織的方式製作，每到復活節，當地人會把水煮蛋包在裡面。
鉤子餅乾（krumiri）	皮埃蒙特地區	彎曲的圓柱形硬餅乾，以玉米粉製作，形狀的靈感源自於 Victor Emanuel II 國王的八字鬍。
貓舌餅乾（lingue di gatto）	皮埃蒙特地區	橢圓形香草薄餅，口感酥脆。
酒醪餅乾（mostaccioli）	坎帕尼亞地區	使用酒醪、蜂蜜與果乾做成的香料餅乾，通常切成菱形並淋上糖霜。
西恩納杏仁甜餅（ricciarelli，以托斯卡尼貴族 Ricciardetto dell Gneredesca 來命名，據說他在參加十字軍東征以後將這道甜點帶回義大利）	托斯卡尼地區	可以回溯到十四世紀，非常輕盈的橢圓形杏仁橙皮餅乾，表面粗糙龜裂，一般會撒上糖粉。
扭結小餅乾（torcetti）	皮埃蒙特地區	味道不太甜的水滴狀酵母餅乾，表面有糖衣。

杏仁小圓餅（*amaretti*）

托斯卡尼
杏仁餅乾
（*cantucci*）

如何用托斯卡尼
杏仁餅乾沾聖酒

托斯卡尼地區經過兩次烘焙做成的傳統餅
乾，例如第 255 頁的托斯卡尼杏仁餅乾，一
般是搭配「聖酒」（Vin Santo）這種甜酒，
泡軟後享用。

1. 將聖酒倒入寬口杯裡（不要用香
   檳杯），酒的高度應達二至三指。

2. 拿起一塊餅乾。抓著餅乾的一
   端，將餅乾另一端約 5 公分浸入
   酒杯裡，在心中數到五。

3. 將泡軟的餅乾吃掉，然後再來一
   塊。

玉米餅乾（*paste di meliga*）

咖啡餅乾（*cappuccino*）

早餐餅乾（*colazione*）

松子

義式牛軋糖

開心果

果乾

甜棗

榛果

杏仁

葡萄乾

蜜李

紅核桃

托斯卡尼杏仁餅乾

CANTUCCI TOSCANI

約 60 個餅乾   托斯卡尼 Toscana

1¾ 杯生杏仁

5 個大雞蛋

1⅓ 杯糖

8 大匙（1 條）無鹽奶油，融化後放至室溫

4 杯低筋麵粉

1 小匙泡打粉

這款杏仁餅乾要反覆烤兩次，這也是它們特別酥脆的原因。按傳統，這種餅乾是搭配聖酒享用，不過用來沾咖啡或茶也很好吃。做好後放入密封容器中，至多可以存放一週。

· 烤箱預熱 180°C。

· 將杏仁放入預熱好的烤箱，烘烤到香味飄出且表面稍呈金黃，約需 8~10 分鐘。烤好後靜置放涼。

· 將 4 個雞蛋和糖一起攪打。倒入奶油，繼續攪打至混合均勻。加入麵粉與泡打粉，混合均勻，然後拌入杏仁。將麵團放入冰箱冷藏至變硬，約需 1 小時。

· 烤箱預熱時，替兩個淺烤盤鋪上烘焙紙，一旁備用。

· 將麵團移到工作檯上並切成兩等份。將每一份麵團整成與烤盤長度相等的長條狀。將剩餘的 1 個雞蛋打散，並將蛋液刷在長條麵團的正面與側面，刷蛋液時應將刷子上多餘的蛋液刮乾淨，以免蛋液太多，從麵團側面流到烤盤上。

· 將長條麵團放入預熱好的烤箱，烘烤 20 分鐘。取出後將烤盤放在架子上降溫。如果要隔一陣子才要繼續操作，也可以在此時將烤好的麵團放入冰箱冷藏暫存。

· 待麵團放涼後，用鋒利的刀子將麵團斜切成厚度約 1 公分的片狀。將切好的餅乾平放在烤盤上，以 180°C 烘烤至變成金黃色，約需 25 分鐘，期間翻面一次。

玉米餅乾

PASTE DI MELIGA

約 50 塊餅乾   皮埃蒙特 Piemonte

半根香草莢

2 杯低筋麵粉，另準備少許撒烤盤用

1 杯加 3 大匙石磨研磨的細磨玉米粉

0.5 小匙泡打粉

14 大匙（1¾ 條）無鹽奶油

1 杯砂糖

1 個大雞蛋

1 個蛋黃

¼ 小匙細海鹽

「meliga」在皮埃蒙特方言是「玉米粉」的意思，玉米粉讓這些奶油餅乾有著怡人酥脆、沙沙的口感。以下介紹的是較容易的作法，另一種作法使用較軟的麵團，必須以擠花袋擠到烤盤上。這種餅乾做起來很複雜，起源於玉米比麥子便宜的時期。玉米餅乾有很多種吃法，可以搭配第 284 頁的蜜思嘉葡萄酒沙巴翁（Zabaione al Moscato），像皮埃蒙特人一樣拿來當早餐，或是仿效義大利第一位首相 Camillo Benso 的吃法，這位土生土長的杜林人據說每一頓餐後，都會拿幾塊蒙托維玉米餅乾沾著用巴羅鏤酒做成的香料熱甜酒享用。

· 剖開香草莢，將香草籽刮出來保留備用。混合麵粉、玉米粉和泡打粉，一起過篩到一只小碗中。

· 將奶油和砂糖放入桌上型攪拌機的攪拌盆內，以槳狀攪拌頭攪拌到完全混合均勻。

· 在攪拌盆內加入雞蛋、蛋黃、鹽與香草籽。攪拌均勻以後，趁攪拌機運轉時，慢慢把混合好的粉類撒進去。將麵團整成球狀，以保鮮膜包好，放入冰箱冷藏至變硬，約需 2 小時。

· 預熱烤箱至 165°C。兩只烤盤鋪上烘焙紙，一旁備用。

· 將麵團移到撒了麵粉的工作檯面上，將麵團擀成 0.8 公分厚。用直徑 7.6 公分的圓形餅乾模切割（亦可依喜好使用其他形狀的模具），切好後移到準備好的烤盤上。將切剩的麵團重新集結成團並擀開（重新擀開的次數不應超過一次）。

· 將餅乾放入預熱好的烤箱烘烤，烤到又乾又脆而且底部變成金黃色，約需 10~15 分鐘，烤到一半的時候應將烤盤上下前後對調位置。

· 將餅乾連著烘焙紙一起移到架上放涼。完全放涼後，便可將餅乾移入一個有密封蓋的容器裡保存。

淑女之吻
BACI DI DAMA

50 個夾心餅乾   皮埃蒙特 Piemonte

18 大匙（2 條加 2 大匙）無鹽奶油，放到軟化

1 杯砂糖

2 杯未漂白中筋麵粉

2 杯加 2 大匙榛果粉

¼ 杯義式榛果巧克力抹醬（參考第 250 頁）

　　沒有人知道這種小夾心餅乾為什麼叫作淑女之吻。有一說是，這種餅乾從側面看起來像是兩片唇緊緊閉在一起，就像淑女在親吻時不會張嘴。另一個說法，則是認為這些餅乾的滋味就如淑女之吻般秀氣且讓人無法抗拒，只要吃到一口，就會讓人想得到更多。

‧以桌上型攪拌機搭配槳狀攪拌頭，把奶油和砂糖打勻。以每次半杯的量，分次加入麵粉與榛果粉，每次之間應攪打至完全混合。將麵團放入冰箱冷藏至非常硬，至少冷藏 8 小時。

‧烤箱預熱 135°C。兩只烤盤鋪上烘焙紙，一旁備用。

‧將冷透的麵團滾成直徑約 1 公分的長條狀，然後切成約 1 公分小塊。將每一塊麵團放在掌心揉成圓球，放在準備好的烤盤上，兩兩相隔至少 2.5 公分。

‧將餅乾放入預熱烤箱裡烘烤至變成淺金色，約需 10 分鐘，烤到一半的時候應將烤盤上下前後對調位置。烘烤期間，圓形的底部會變平。

‧烤好後，將烤盤放在架子上，讓餅乾完全放涼。

‧待餅乾放涼以後，將約 ¼ 小匙榛果巧克力抹醬抹在一塊餅乾的扁平面上，然後拿起另一個餅乾，將扁平面輕輕壓在巧克力抹醬上，做成夾心餅乾。接續夾完所有的餅乾。

湯匙甜點

DOLCI AL CUCCHIAIO

湯匙甜點（用湯匙挖來吃的甜點）如布丁、慕斯等，在義大利很受歡迎，許多義大利人都會在家動手製作。這些味道甜美溫和的點心，早在烤箱還不普及的時候就已經頻繁出現在家庭廚房裡。

義大利的冰沙

義式冰沙（granita）是種調味碎冰，比雪酪的質地粗一點，口味變化無窮無盡。製作基本義式冰沙時，先以 1：1 的水和糖製作糖漿，將糖和水加熱到糖完全融化，加熱期間頻繁攪拌。拌入調味料（參考下表），然後把液體倒入金屬模具裡。將模具放入冷凍庫，冰鎮 30 分鐘後，用叉子將開始形成的冰晶弄碎，攪拌好後將模具放回冷凍庫裡。每 30 分鐘重複一次攪碎的步驟，直到冰沙完全成形，總共約需 3 小時。上桌時，把冰沙舀入個別小碗裡即可。若冰沙有點硬，可能需要用叉子把冰沙「耙」一下。以下介紹常見的冰沙口味。

檸檬汁
莓果泥（將籽過濾或留在裡面）
核果果泥
西瓜泥（去籽）
杏仁牛奶
醇厚的義式濃縮咖啡
融化的黑巧克力（或在糖漿裡加入可可粉）
新鮮薄荷葉：在開始烹煮糖漿時就加入，並讓液體浸泡幾個小時；將薄荷葉濾出，並以上述方法處理糖漿。
任何一種酒，先將酒煮沸並收乾到剩下一半的量。如果不將酒煮沸，酒精會讓冰沙無法結凍。

優格慕斯

SPUMA ALLO YOGURT

6~8 人份

9 張吉利丁片

2¼ 杯濃稠（希臘式）全脂優格

2 杯鮮奶油

1⅔ 杯糖

體積約 1 公升的莓果（4 杯）

　　優格也許不算是一般人印象中的義大利甜點，不過近十年來，優格消耗量在義大利快速上升，尤其在西北部。如今用優格製作的甜點很受義大利人的喜愛，例如酸溜溜的優格冰淇淋。可依喜好保留一些完整的覆盆子當成裝飾。

・將 5 張吉利丁片放入冷水裡泡軟。

・將 1 大尖匙優格放入一只小單柄鍋裡，加熱至接近沸騰後離火。從冷水中取出吉利丁片，拌入溫熱的優格裡，攪拌至吉利丁片溶解，靜置一旁備用。

・取一只碗，將 ⅔ 杯砂糖加入鮮奶油裡攪打至溼性發泡。加入剩餘優格，攪拌直到慕斯變濃稠，輕輕拌入混有吉利丁的優格中。

・將剩餘 4 張吉利丁放入冷水中泡軟。

・將半杯覆盆子打成泥，放入單柄鍋內慢慢加熱。取出泡軟的吉利丁，放進溫熱的覆盆子果泥裡，攪拌至溶解。將剩餘的 1 杯砂糖與剩餘的覆盆子加入，輕輕拌勻。

・以一層優格、一層覆盆子泥的方式填入大高腳碗或個別小碗內，最上層應為覆盆子。放入冰箱冷藏凝固，待上桌前取出。

259

義式奶酪佐杏仁奶酥

PANNA COTTA CON "STREUSEL" ALLA MANDORLA

6 人份　　　　　　　　　　　　　　　　　　　皮埃蒙特 Piemonte

1¾ 杯砂糖

0.5 小匙加一撮細海鹽

半杯全脂牛奶

3⅓ 杯鮮奶油

6 張吉利丁片

1¼ 杯未漂白中筋麵粉

1¼ 杯糖粉

1½ 杯杏仁粉

一撮月桂粉

10 大匙（1 條加 2 大匙）無鹽奶油，軟化

　　義式奶酪的義大利文「panna cotta」直譯為「煮熟的鮮奶油」，事實上這款甜點也就這麼簡單。義式奶酪源自皮埃蒙特地區，雖然目前已經遍及義大利全區，傳統上仍會在義式奶酪上面放上代表皮埃蒙的榛果，和奶酪絲綢柔滑的質地形成對比。以下食譜用口感酥脆的杏仁奶酥來代替榛果，也可以在義式奶酪上面淋上融化的巧克力、莓果、或是煮熟的水果，或是把順序倒過來，並替奶酪淋上焦糖。

・將 1 杯清水煮沸後靜置備用。製作焦糖，先將一只小單柄鍋加熱至高溫，分批慢慢加入 1 杯砂糖，每次加糖之間，必須等到前一次加入的糖全數融化。所有砂糖都融化以後，加入 0.5 小匙鹽。待糖變成深棕色，加入熱水，加水時小心大量蒸氣往上衝，應把臉轉開。將焦糖分裝到六只耐熱玻璃杯或烤盅裡。

・取一只單柄鍋，在鍋內加入牛奶、鮮奶油與剩餘的 ¾ 杯砂糖，加熱至接近沸騰，但不要沸騰的狀態。加入泡軟的吉利丁片，攪拌至完全溶解。將奶酪舀入裝了焦糖的玻璃杯或烤盅裡，靜置降溫。

・待奶酪變涼以後，用保鮮膜一一將玻璃杯或烤盅包好，放入冰箱冷藏至少 4 小時。

・上桌前，將烤箱預熱 165°C（亦可使用小烤箱）。取一只攪拌盆，放入中筋麵粉、糖粉、杏仁粉、肉桂與一撮鹽。用木匙拌入軟化的奶油，混合成奶酥。

・在一只烤盤裡鋪上烘焙紙。用手指將混合好的奶酥一小塊一小塊捏起來，放到烤盤上。放入烤箱烘烤至酥脆金黃，約需 20 分鐘。

・讓杏仁奶酥稍微放涼，然後撒在義式奶酪上，便可端上桌。

布內巧克力布丁

BONET

8 吋或 9 吋的長方模（terrine），約 8 人份　　　　　　　　皮埃蒙特 Piemonte

1⅓ 杯砂糖

0.5 小匙細海鹽

3 個大雞蛋

1⅔ 杯全脂牛奶

⅓ 杯可可粉

1 杯用摩卡壺烹煮的濃縮咖啡（參考第 292 頁）

50 公克市售杏仁小圓餅

　　「Bonet」有時也拼成「Bunet」，是一種類似法式焦糖布丁的甜點，早在十三世紀就已經出現在皮埃蒙特人的宴會餐桌上。幾百年後，巧克力從新世界來到歐洲，大廚們開始將可可粉與其他適合的調味料運用在布內布丁上。最後，弄碎的杏仁餅乾與榛果餅乾也加入行列。有時人們會用一排杏仁小圓餅來裝飾長方形的布內布丁，看起來就像一排鈕扣。

・烤箱預熱 165°C。將 1 杯清水煮沸，靜置備用。

・製作焦糖，先將一只小單柄鍋加熱至高溫，分批慢慢加入 1 杯砂糖，每次加糖之間，必須等到前一次加入的糖全數融化。待糖變成深棕色，加入熱水，加水時小心大量蒸氣往上衝，應把臉轉開。

・將焦糖倒入一只長方形模具裡。

・將雞蛋放入耐熱大碗內打散。將牛奶與剩餘的 ⅓ 砂糖放入單柄鍋內加熱至沸騰，一沸騰時就立刻將鍋子離火，以每次 1 大匙的速度慢慢拌入雞蛋裡。待所有牛奶都加進去以後，將可可粉和濃縮咖啡也拌進去。最後，將杏仁小圓餅壓碎加入。

・將布丁糊倒入鋪有焦糖的模具裡，用鋁箔封蓋。烤盤中注入熱水，然後將模具放入烤盤，此時熱水高度應達 2.5~5 公分。放入烤箱中隔水烘烤至定形但仍然柔軟，約需 30 分鐘。

・讓布內布丁完全放涼。上桌前，在一只鍋裡倒滿熱水，並將長方形模具放進去幾分鐘，讓焦糖融化，才不會黏在模具底部。將大餐盤倒扣在模具上，然後把模具和餐盤一起倒過來，將模具拿起來，讓布丁脫模。

如何點義式冰淇淋

義大利人在吃冰淇淋的時候，並不是以球為單位。義式冰淇淋質地滑黏柔軟，無法乾乾淨淨地舀成一球。

1. 決定杯子或甜筒的大小：小杯、中杯或大杯。

2. 詢問店員選擇的杯子或甜筒大小可以點幾種口味。（冰淇淋店外面可能會有看板說明。）

3. 思考一下適當的口味組合：水果搭配水果，巧克力搭配榛果，咖啡搭配奶香巧克力脆片。香草就好比冰淇淋裡的鬼牌，幾乎可以和任何口味搭配。

義式牛軋糖雪糕

SEMIFREDDO AL TORRONCINO

8 人份

___

3 個大蛋黃

⅓ 杯糖

1¼ 杯鮮奶油

128 公克義式牛軋糖（torrone）

100 公克義式榛果巧克力，切碎

　　義式雪糕類似冷凍慕斯，質地比冰淇淋來得蓬鬆柔軟。每到聖誕節期間，義大利人常會用蜂蜜味十足的堅果牛軋糖來製作義式雪糕，這種堅果牛軋糖本身就是義大利的聖誕節傳統滋味。義式牛軋糖有軟有硬，市面上常見的為長方形棒狀。由於義式雪糕可以提早製作，非常適合任何場合的慶祝餐會。這則食譜也可以改用小型單人份模具來製作。

· 替長方形模具鋪上保鮮膜，保鮮膜應垂掛在模具側面約 5 公分。將蛋黃放入耐熱碗中靜置備用。

· 將砂糖和 ⅓ 杯水放入單柄鍋內拌勻。加熱至沸騰，然後淋在蛋黃上並大力攪打至涼。

· 取另一只碗，將 ¾ 杯鮮奶油攪打到軟性發泡。將牛軋糖切成碎屑狀。

· 將打發鮮奶油與切碎的牛軋糖輕輕拌入蛋黃糊裡。

· 將雪糕糊倒入準備好的長方形模具中，並用折角抹刀將表面抹平，小心不要讓雪糕糊消泡。

· 用保鮮膜把模具表面蓋好，放入冷凍庫冷凍至硬，至少需要 8 小時。義式雪糕至少可以提早三天做好。

· 要上桌前，將剩餘半杯鮮奶油加熱至接近沸騰，然後拌入切碎的義式榛果巧克力。

· 替義式雪糕切片。先將表面的保鮮膜打開，將一只大餐盤倒扣在模具上，然後把模具和餐盤一起翻過來。將模具拿掉，然後輕輕把裡面的保鮮膜撕掉。將義式雪糕切成 8 份，在每只餐盤裡放上一塊雪糕、1 大匙榛果巧克力醬，立刻端上桌。

蛋糕

TORTE

　　義大利人對甜點同時存有兩個面向的偏執。在家裡，他們喜愛製作能夠長時間保存、味道簡樸的蛋糕，不過在義大利（與 Eataly 在世界各地的分店）糕點鋪裡，專業烘焙師卻雕琢著各式各樣為了特殊場合所製作的花俏甜點。這兩大類甜點中，有許多可以回溯到十八世紀，也就是「糖」開始普及，使得糕點烘焙快速發展的時期，對義大利北部而言尤其如此。

Eataly 販賣的各種甜點都來自歷史悠久的製造商。

品質標誌

甜點就如鹹食，一樣得倚賴季節性高品質食材才能做出最棒的產品。

如果有過敏或其他健康問題，還是可以大肆享受甜點。Eataly 的「老饕健康甜點」系列專門針對各種飲食需求來設計，請在 Eataly 商場中的甜點上辨認相關特殊記號。

義大利的家庭式蛋糕

義大利人在家裡烘焙的蛋糕通常不會太甜，而且有時不只是當成甜點。

義式海綿蛋糕 （pan di spagna）	義式海綿蛋糕是味道單純質地柔軟的蛋糕，也可以當作其他甜點的基底，例如花生焦糖提拉米蘇（第 291 頁）。我們也可以替義式海綿蛋糕刷上咖啡或香甜酒，然後抹上打發鮮奶油。也可以將義式海綿蛋糕橫切成兩半，在中間抹上果醬或義式榛果巧克力醬（參考第 250 頁）。 　　將 3 個蛋黃和半杯糖、一撮鹽與 1 小匙香草精攪打到質地蓬鬆且變成淺黃色。另外將 ¼ 杯糖加入 3 個蛋白打到硬性發泡。將打蓬的蛋黃輕輕拌入打發蛋白裡。將 1.5 杯未漂白中筋麵粉過篩，分三或四次加入蛋糊中輕輕拌勻。準備一只直徑 20~25 公分圓形蛋糕模，替蛋糕模抹油並鋪上烘焙紙，倒入麵糊後以 180°C 烘烤至表面變成金色且牙籤插入不沾黏，通常需要 25~35 分鐘，烘烤時間按蛋糕模大小而定。出爐後，先靜置 5 分鐘，再脫模並放到涼架上，讓蛋糕完全放涼。
榛果蛋糕 （torta di nocciole）	這種無麵粉蛋糕使用的是皮埃蒙特地區產的榛果，不過在義大利其他地區也有以核桃或杏仁製作的類似蛋糕。榛果必須經過焙炒與去皮（用平織布巾搓揉焙炒過的榛果，皮就會被搓掉），不過若是以杏仁為材料，則應使用帶皮的生杏仁。因為使用堅果以及沒有麵粉的關係，這款蛋糕非常溼潤。 　　將 1½ 杯焙炒過的去皮榛果切碎。把 4 個雞蛋的蛋白蛋黃分開。將 1 杯糖和一撮鹽加入蛋黃裡，攪打到顏色變淺且質地滑稠，拌入切碎的榛果。將蛋白打到硬性發泡，然後把蛋白輕輕拌入蛋黃中。取直徑 23~25 公分的圓形蛋糕模或彈簧扣環活動蛋糕模，替模具抹奶油或食用油並鋪上烘焙紙，再倒入蛋糊，放入 180°C 烤箱烘烤至表面變成金棕色且在中央插入牙籤不沾黏，約需 35 分鐘。脫模後放在涼架上放涼。
義式甜甜圈蛋糕 （ciambellone）	這種蛋糕的蛋糕體偏乾，適合搭配酒、茶或咖啡。它就如義式海綿蛋糕，有著許多不同的變化。可以用優格代替材料中的一部分或所有牛奶，做出更柔軟的質地；也可以在麵糊裡加入檸檬皮與／或柑橘類果汁；或是在製作時先將三分之二的麵糊放入模具內，然後在麵糊表面放上一層薄薄的果醬（邊緣一圈留空，不碰到蛋糕模），然後再把剩餘的麵糊放上去。 　　將約 1 杯糖加入 3 個雞蛋，將全蛋完全打發。加入 ¾ 杯牛奶與 8 大匙（1 條）融化的奶油（或半杯植物油），攪打至混合均勻。加入一撮鹽與 2 半杯未漂白中筋麵粉，繼續攪打到混合均勻。在麵糊表面撒上 1 大匙泡打粉，攪拌至麵糊滑順沒有結塊。將麵糊倒進抹了奶油並撒了麵粉的環狀蛋糕模裡，放入預熱至 180°C 的烤箱裡烘烤至表面上色龜裂且牙籤插入中央不沾黏，約需 40 分鐘。放涼再脫模。
義式磅蛋糕 （plum cake）	沒有人知道義大利人為何用英文來稱呼這種磅蛋糕，也沒人知道為什麼這種材料沒有用上李子（plum）的蛋糕的名稱中有「李子」。若要讓這款蛋糕帶點柑橘味，可以在蛋糕於涼架上稍微放涼、仍然溫熱時候，將檸檬汁或橙汁加入一些糖煮沸至糖溶解且果汁濃縮至原來的一半。將蛋糕和涼架一起放在烤盤上，用竹籤在蛋糕上戳幾個洞，把糖漿淋上去。 　　將 8 大匙（1 條）室溫奶油（不硬但也不至於太軟）、半杯糖與一撮鹽一起攪打到非常蓬鬆輕盈。分次打入 2 個雞蛋。拌入 1 小匙香草精與一些磨碎的檸檬皮。將 1 杯未漂白中筋麵粉與一撮鹽拌勻過篩，撒在蛋糊中並攪打均勻。替長方形蛋糕模抹奶油並鋪上烘焙紙，再抹一次奶油，把麵糊倒進去。放入預熱至 180°C 的烤箱中烘烤至表面呈金棕色且將牙籤插入中央不沾黏，約需 45 分鐘。脫模後於涼架上靜置放涼。

檸檬甜酒巴巴蛋糕

BABÀ AL LIMONCELLO

6 個蛋糕 坎帕尼亞 Campania

4 杯高筋麵粉

3 大匙速發酵母

1 杯糖

10 個大雞蛋

14 大匙（1 條加 6 大匙）軟化的無鹽奶油，另準備抹烤模需要的量

2 小匙細海鹽

⅔ 杯檸檬甜酒（limoncello）

　　這種叫作「babà」的美味小型酵母蛋糕通常會浸泡在蘭姆酒裡，不過，因為它們是坎帕尼亞地區的特產，Eataly 商場的巴巴蛋糕是以該地區具有酸甜滋味的檸檬甜酒來泡製。如果有外觀狀似小杯子的巴巴蛋糕模具，當然要拿出來使用。如果沒有的話，用其他模具也行，不過蛋糕就無法達到使用特製模具的高度。用切絲的糖漬檸檬皮與覆盆子來裝飾。

· 替 6 只巴巴蛋糕模（或任何小蛋糕模，或是大型馬芬模具的 6 連凹槽）抹奶油，放在烤盤上備用。

· 烤箱預熱 180°C。

· 將麵粉、酵母與 ¼ 杯糖放入桌上型攪拌機的攪拌盆裡。加入 4 個雞蛋，以中速攪拌至混合均勻。再加入 2 個雞蛋，繼續攪拌均勻。繼續加入 2 個雞蛋拌勻，然後再加入最後 2 個雞蛋，攪拌至完全混合均勻且麵團有光澤的程度。

· 將奶油切成小塊，一塊一塊加入麵團裡，待一塊奶油完全拌入以後再加入下一塊。加入鹽，攪拌至混合均勻。將麵團放入一只碗內，用保鮮膜蓋好，放入溫暖處（約 30°C）發酵至體積膨脹成原本的兩倍，約需 35~40 分鐘。

· 將麵團分切 6 等份並放入準備好的模具裡，烘烤至用手指輕壓會回彈的程度，約需 20 分鐘。

· 蛋糕連模放在涼架上散熱約 5 分鐘，然後替蛋糕脫模，繼續放在涼架上降溫至完全冷卻。

· 取一只單柄鍋，在鍋內放入 ¾ 杯糖、檸檬甜酒與 1 杯清水。以中火加熱至沸騰後繼續煮至糖完全溶解，約需 2 分鐘，期間頻繁攪拌。煮好後鍋子離火。

· 將一塊蛋糕整個浸入熱騰騰的糖漿裡。待沒有氣泡浮上表面以後，取出蛋糕，移到放在烤盤上的架子上。接續完成所有的蛋糕後上桌。

BEVANDE E CAFFÉ

飲品與咖啡

生命太短暫，不能不飲好物。

啤酒

BIRRA

　　雖然義大利以葡萄酒聞名於世，但也產有品質絕佳的啤酒。義大利境內有許多手工啤酒，除此以外，「果酒」（cider）的生產也有相當長的歷史。水果酒以發酵果汁製作，以蘋果汁最常見，尤其是特倫提諾地區與皮埃蒙特地區的阿爾卑斯山區。除了這些地區以外，義大利中部地區如托斯卡尼地區、拉吉歐地區與阿布魯佐地區都產有各種類型的啤酒。製酒需要耐心，不過除了某些特例，啤酒並不需要長時間陳釀，在桶子裡的保存時間至多為六個月，裝瓶則為三至四個月，而且啤酒瓶的標籤上也會標明裝瓶日。甚至可以自行釀製啤酒，並在幾週內享用到。

　　Eataly 的第一間義式啤酒屋於 2011 年在紐約麥迪遜廣場分店開幕，目前已有許多間分店，而且計畫開設更多分店。每間啤酒屋不但供應啤酒與餐點，也和美國的角鯊頭（American Dogfish Head）、義大利的小鎮啤酒（Birra del Borgo，簡稱 BdB）和巴拉丁（Baladin）等合作製造各間分店的專釀。在與這三個夥伴的合作案中，又以伊特拉斯坎啤酒特別讓人著迷。這款啤酒的配方是由考古團隊所發掘，考古學家在測試了出土於一座二千八百年前伊特拉斯坎墳墓的木料、黏土與銅製容器以後，發現含有少量以石榴、榛果、沒藥、原始小麥與蜂蜜等做成的艾爾啤酒（ale）。這三個合作夥伴分別以這些材料為基底，做出用不同容器盛裝的啤酒（角鯊頭用銅器、巴拉丁用橡木桶、小鎮啤酒用訂製的陶製發酵罐），製作成果的美味好比它們讓人著迷的程度。

　　啤酒的適飲溫度並非冰冷，而是介於 5.6~13°C 之間。Eataly 用的啤酒杯是一種叫作「TeKu」的特製玻璃杯（家用品部門亦有銷售這種杯子），就像葡萄酒杯一樣具有杯莖，如燒杯一樣有標示線，形狀似鬱金香，有喇叭口能維持啤酒泡沫。

BALADIN 巴拉丁手工啤酒

1986 年，Teo Musso 在皮埃蒙特的皮奧佐（Piozzo）開設了一間專賣啤酒的酒吧，雖然該地區葡萄酒的名氣遠比啤酒來得高。當時，店裡供應超過兩百種非自家啤酒（大多數自比利時進口），不過隨著他對於啤酒愈來愈感興趣，興起了自行釀造啤酒的念頭。自 1996 年起，巴拉丁開始生產自家品牌的啤酒，以瓶裝和桶裝形式銷售。該公司生產的第一支罐裝瓶裝是超淡色艾爾啤酒（Super pale ale），接著是艾薩克啤酒（Isaac），這是款根據比利時早期啤酒罐改良的白啤酒，以 Musso 的兒子為名。

2000 年，巴拉丁擴大發展，需要更多空間，Musso 在父母親的農場裡翻修了一間雞舍，將雞舍改造成一間發酵窖。最後，他在皮奧佐主要街道底下裝設一條 300 公尺長的「啤酒管」，將位於前雞舍的發酵窖和位於皮奧佐市中心的啤酒館連接起來。

時至今日，巴拉丁已有十二座工廠，不但製作生啤酒與罐裝啤酒，也生產果酒與純天然無酒精氣泡飲料。

義大利人的啤酒餐搭

　　啤酒通常分成兩大類：艾爾啤酒與拉格啤酒（lager）。這兩類啤酒使用的酵母種類不同。一般來說，艾爾啤酒風味較濃，拉格啤酒口感鮮明清淡。由於啤酒含有二氧化碳，和辛辣食物尤其對味。「啤酒花味較重的」啤酒味道較辛辣刺激，能夠去除食物的油膩感。此外，啤酒可以用各式各樣的香料與食物來釀造，例如小鎮啤酒的牡蠣黑啤酒（oyster stout）與海鮮料理的味道非常合得來。市面上也可以找到用榛果、栗子和其他以原始小麥和法羅小麥釀造的啤酒。在 Eataly 商場，我們也喜歡用啤酒搭配甜點。不過到頭來，啤酒的餐搭就和葡萄酒一樣，讓你喜愛的搭配就是好搭配。

啤酒類型（由淡到深）	料理
皮爾森啤酒（Pilsner）	瑪格麗特披薩（第 124 頁）或任何其他口味的披薩
小麥啤酒（Wheat beer）	義式綜合開胃菜拼盤（薩拉米或海鮮）、燒烤海鮮（第 228 頁）
淡色艾爾啤酒（Pale ale）	香烤豬里脊（第 210 頁）、綜合烤蔬菜小麥沙拉（第 145 頁）
棕色艾爾啤酒（Brown ale）	義式惡魔烤雞（第 217 頁）、烤雞或烤肉
深色艾爾啤酒（Dark ale）	燙手指羊排（第 205 頁）、野味

品質標誌

不要用自己都不想喝的葡萄酒或啤酒入菜。

無論在商店裡或家裡，存放的方式都很重要。請記住，廚房可能是整間屋子裡最溫暖的地方。

燜烤啤酒豬

BRASATO DI MAIALE ALLA BIRRA

6~8 人份

皮埃蒙特 Piemonte、倫巴底 Lombardia、特倫提諾－上阿迪杰 Trentino-Alto Adige、弗留利－威尼西亞朱利亞 Friuli-Venezia Giulia

半杯壓緊的紅糖或黑糖

1 大匙加 1 小匙細海鹽

1 大匙現磨黑胡椒

1 大匙辣椒粉

1 塊去骨豬肩肉（約 1.8 公斤），切成大丁

1 大匙糖

¼ 杯糖化麥芽粉（diastatic malt powder）

¼ 杯義大利杏桃果醬

2 杯杏桃啤酒

豬肩肉是大塊肉，不過經過烹煮以後，體積會大幅度縮小，此外，剩下的燜烤豬肉可以放在冰箱冷藏——不過這道菜如此美味多汁，應該很難吃不完。製作這道料理需要耐性，豬肉得放在烤箱裡慢慢燜烤 3 小時，不過在燜烤期間不需要太多關注。包括角鯊頭在內的好幾間啤酒廠，都有釀造氣味刺鼻的杏桃艾爾啤酒（apricot ale）與杏桃啤酒（apricot beer），Eataly 紐約分店就是採用角鯊頭釀造的杏桃啤酒來製作這道料理。可以在烘焙專賣店、專賣啤酒釀造用品的商店與許多雜貨店的烘焙區找到麥芽粉。在 Eataly，我們用淋上芥末油醋醬的西洋芹蘋果沙拉來搭配這道菜。

· 取一只小碗，放入紅糖、1 大匙鹽、黑胡椒與辣椒粉混合均勻，抹在豬肩肉丁的每一側，放入冰箱冷藏 4 小時。

· 取一只大耐熱碗，將剩餘 1 小匙鹽和糖混合均勻，倒入 4 杯沸水，攪拌至鹽和糖溶解。讓鹽糖水冷卻（若有必要可放入幾個冰塊）。拌入麥芽粉、杏桃果醬與牛奶。啤酒會起泡，因此要確定碗內有足夠的空間，啤酒醬才不會滿出來。

· 待準備要料理豬肉時，將烤箱預熱 165°C。用中火加熱一只大鑄鐵平底鍋，煎封豬肉丁，將每面都煎到上色，若有必要可分批煎，避免鍋內太過擁擠。由於乾醃材料裡有紅糖的緣故，煎好的豬肉丁表面幾乎為黑色。

· 將煎封好的豬肉移到一只大烤盤或荷蘭鍋內，淋上啤酒醬。啤酒醬應該完全或幾乎淹過豬肉，若量不足，則加入適量清水。用鋁箔紙將烤盤緊緊包好，放入烤箱烘烤，期間偶爾檢查，以確保鍋內液體量不至於太少，烘烤到肉完全變軟，約需 3 小時。

· 盛盤時將大量醬汁淋回肉上。

啤酒是很複雜的藝術，能將世界、歷史與文化結合起來。
請勿單純把啤酒當飲料，應深入探究之。

葡萄酒

VINO

義大利是全球葡萄酒的重要勢力之一，和法國同為全球產量最大的生產國。義大利的葡萄酒歷史不但輝煌，更是源遠流長。古羅馬人時期，就已開始大面積種植葡萄，也能以相當複雜的技術讓葡萄汁發酵。釀酒藝術的實踐至今仍然遍及全義大利。除了一般的日常餐酒（vino da tavola）以外，義大利生產的葡萄酒可分成三個等級，品質由低到高的正式名稱分別是：

地區餐酒（Indicazione Geografica Tipica，簡稱 IGT）：特定地理區域的典型。

法定產區（Denominazione di Origine Controllata，簡稱 DOC）：按照特定地區的標準規範生產。

保證法定產區（Denominazione di Origine Controllata e Garantita，簡稱 DOCG）：按照標準規範於特定地區生產（一般允許的葡萄產量較低，陳釀時間也比 DOC 葡萄酒長），而且在裝瓶之前得經過政府檢查員品鑑。

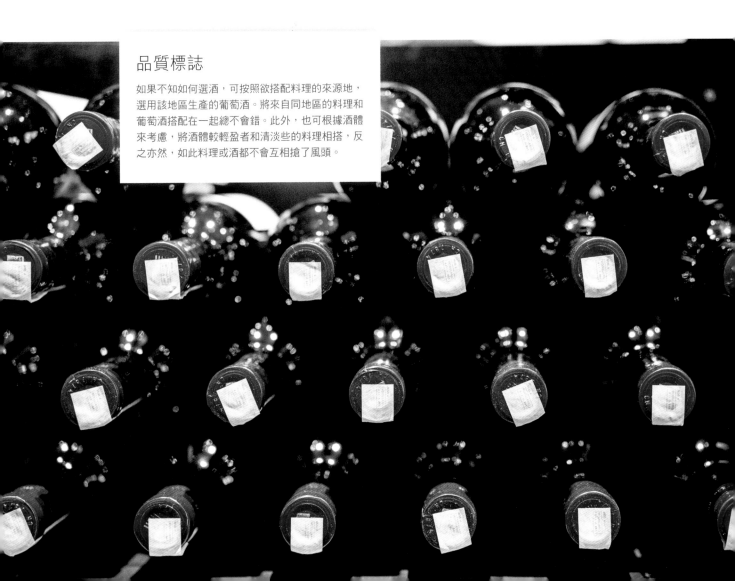

品質標誌

如果不知如何選酒，可按照欲搭配料理的來源地，選用該地區生產的葡萄酒。將來自同地區的料理和葡萄酒搭配在一起總不會錯。此外，也可根據酒體來考慮，將酒體較輕盈者和清淡些的料理相搭，反之亦然，如此料理或酒都不會互相搶了風頭。

義大利各地區生產的葡萄

近年來，義大利原生葡萄品種有復甦的趨勢，義大利釀酒師也持續不斷地重新發現新的地方品種。有些葡萄被用來釀造單一品種葡萄酒（只使用一種葡萄釀造的葡萄酒），有些則用於混釀。

地區	紅葡萄	葡萄酒
皮埃蒙特	內比歐露（Nebbiolo）	巴羅鏤（Barolo）和巴巴瑞斯柯（Barbaresco）都是用內比歐露葡萄釀造。
特倫提諾－上阿迪杰	拉格萊因（Lagrein）	這種葡萄被用來釀造風味強勁顏色深的葡萄酒。
維內托	科維那（Corvina）	科維那（與其他）葡萄經風乾以後，被用來釀造風味濃烈單寧重的阿瑪羅內（Amarone）。
托斯卡尼	山吉歐維榭（Sangiovese）	義大利產量最大的葡萄品種之一，奇揚替（Chianti）與蒙塔奇諾（Montalcino）產區種植的大部分水果都是這種紅葡萄。
翁布里亞	薩葛倫提諾（Sagrantino）	顏色深到發黑，能釀造出風味濃烈單寧十足的紅酒。
坎帕尼亞	阿里亞尼科（Aglianico）	坎帕尼亞地區的葡萄品種很多，阿里亞尼科這種紅葡萄大多生長在火山基岩上，導致釀造出來的葡萄酒帶有煙燻味。
西西里島	內羅達沃拉（Nero d'avola）	用內羅達沃拉釀造出來的葡萄酒有著極其多元的樣貌——有些味不甜且輕盈，有些則味道非常濃醇。釀造成果按陳釀技巧與葡萄種植區域而定。
地區	白葡萄	葡萄酒
托斯卡尼	維爾納恰（Vernaccia）	這種葡萄不但和托斯卡尼地區的關係密切，更以塔樓林立的迷人山城聖吉米尼安諾（San Gimignano）一帶聞名。
馬爾凱	維爾第奇歐（Verdicchio）	這種葡萄自文藝復興時期就在馬爾凱地區廣泛栽植，用來製作兩款具有法定產區資格的白酒：其一來自馬泰利卡（Matelica），另一來自傑西城堡（Castelli di Jesi）。
阿布魯佐	特比亞諾（Trebbiano）	重要的白葡萄品種，產量高，符合法定產區標準，阿布魯佐地區的特比亞諾白酒至少使用85%的特比亞諾品種葡萄。
坎帕尼亞	白葛雷科（Greco bianco）、菲亞諾（Fiano）、法連吉娜（Falanghina）	白葛雷科（這個品種同時也有紅葡萄品種，叫作黑葛雷科）、菲亞諾與法連吉娜是坎帕尼亞地區最知名的白葡萄品種。
薩丁尼亞島	努拉古斯（Nuragus）	歷史悠久的白葡萄，由於薩丁尼亞島迎焚風（scirocco），這種葡萄可以說是生長在環境條件較為苛刻的地區。因為小島上的空間有限，葡萄通常會和其他作物一起種植，也讓釀造出來的葡萄酒帶有一抹青草與香草的風味。

巴羅鏤紅酒燉牛肉

BRASATO AL BAROLO

10 人份主菜　　　　　　　　　　　　　　　　　　　皮埃蒙特 Piemonte

2 大匙特級冷壓初榨橄欖油

1.4 公斤後腿牛排，最好使用皮埃蒙特品種牛，用棉繩綁好

3 瓣大蒜，拍碎

4 個黃洋蔥，切末

4 條胡蘿蔔，切末

1 根西洋芹，切末

1 枝新鮮迷迭香

2 片月桂葉

5 個丁香

細海鹽，用量依喜好

現磨黑胡椒，用量依喜好

2 瓶（約 1.4 公升）巴羅鏤紅酒

　　這道料理可以說是盤子裡的皮埃蒙特，簡單卻精緻，而且完全浸浴在該地區最重要紅酒的風味之中。巴羅鏤紅酒又被稱為「紅酒之王，王之紅酒」。盛盤時，可以在盤底鋪上一層玉米糕，再把牛肉和醬汁放上去。

・將橄欖油放入荷蘭鍋或其他能夠容納肉塊的大鍋裡，以中火加熱。將肉放入鍋中，煎到每面都上色後取出。

・在鍋內加入大蒜、洋蔥、胡蘿蔔、西洋芹、迷迭香、月桂葉與丁香，以鹽和胡椒調味，用中火煮到蔬菜變軟，約需 8 分鐘，期間應頻繁翻拌。

・將肉放回鍋中，倒入紅酒並加熱至沸騰。將火調小，讓鍋內保持微滾，並蓋上鍋蓋。熬煮至肉變軟，約需 2 小時，烹煮期間偶爾用夾子替肉翻面。

・用夾子將肉取出，移到砧板上。將鍋內所有液體與蔬菜移入果汁機裡，打成滑順的醬汁。

・上桌時，將棉線移除。將肉切片，然後淋上醬汁。趁溫熱享用。

阿瑪羅內紅酒燉飯

RISOTTO ALL'AMARONE

4 人份第一道主食　　　　　　　　　　　　　　　　維內托 Veneto

4 杯牛肉高湯

¼ 杯牛骨髓

4 大匙（半條）無鹽奶油

2 個珠蔥，切碎

1½ 杯維亞隆內納諾品種燉飯米或其他義大利燉飯米（參考第 142 頁）

細海鹽，用量依喜好

1½ 杯產自瓦波里切拉（Valpolicella）的阿瑪羅內紅酒

¾ 杯磨碎的陳年維洛納山乳酪（Monte Veronese），另準備隨菜端上桌的量

這道極其搶眼的燉飯是維洛納（Verona）一帶的經典料理。長時間慢慢烹煮之後，葡萄酒裡的酒精蒸發，因此這道燉飯的風味比想像中來得溫婉。如果無法取得牛骨髓，可以用橄欖油代替，若是無法取得利用維洛納山乳酪這種來自維洛納北部的牛乳酪，可以用格拉納帕達諾乳酪或帕馬森乳酪代替。阿瑪羅內是一種不甜的紅酒。

· 將高湯放入一只小鍋內加熱至沸騰，然後將火調小，保持微滾。

· 將骨髓和 2 大匙奶油放入平底鍋內，以小火加熱至融化。放入珠蔥翻炒到變軟變透明，約需 5 分鐘。

· 加入白米焙炒，以木匙持續攪拌約 3 分鐘。用鹽調味。

· 一旦米粒開始黏鍋，則加入約半杯紅酒，持續攪拌，煮到液體被吸收，約需 5 分鐘。剩餘的 1 杯紅酒，分兩次加入，持續攪拌並烹煮到完全吸收。

· 加入約半杯溫熱的高湯，持續攪拌並煮到完全吸收。繼續加入少量高湯，持續攪拌。隨著米飯烹煮時間愈來愈長，每次加入的高湯量應遞減。待前一次加入的高湯完全吸收，再加入新的高湯。檢查燉飯是否吸收完湯汁，可以用木匙在鍋子中心劃一道，若湯汁立刻流入用木匙劃出的溝裡，表示還太稀（參考第149 頁）。偶爾品嚐以檢查熟度並修正調味。

· 煮約 35~45 分鐘，待米飯煮到彈牙，便可讓鍋子離火。加入剩餘的 2 大匙奶油與磨碎的乳酪，攪拌至完全混合均勻，然後靜置 3~5 分鐘。趁熱上桌，並隨盤端上額外的磨碎乳酪。

白酒櫛瓜鮟鱇魚

CODA DI ROSPO CON ZUCCHINE AL VINO BIANCO

4 人份主菜   西西里島 Sicilia

900 公克鮟鱇魚

12 條小櫛瓜

2 大匙特級冷壓初榨橄欖油

2 瓣帶皮大蒜

2 杯白酒

1 枝奧勒岡的葉子

細海鹽,用量依喜好

現磨黑胡椒,用量依喜好

　　鮟鱇魚的義大利文是「coda di rospo」,直譯為「青蛙的尾巴」,可能指的是這種魚長得不甚美觀。不過鮟鱇魚在外貌上不足之處,完全被他的風味補足了,牠的肉質溼潤扎實味道佳,也禁得起長時間用酒熬煮。不甜的西西里島白酒,尤其是以英卓利亞品種葡萄(inzolia,有時也拼成 anzolia 或 insolia)釀造的白酒,非常適合用來烹煮這道料理,也可以當成佐餐酒。

· 鮟鱇魚切片後靜置備用。若櫛瓜稍大(直徑比大拇指粗),則將櫛瓜縱切成 2 瓣或 4 瓣。

· 取一只大平底鍋,以中火加熱橄欖油。放入大蒜烹煮到香味飄出,約需 5 分鐘。將大蒜挑掉,放入櫛瓜。煮到櫛瓜上色,表面出現棕色斑點,約需 5 分鐘,期間偶爾搖晃平底鍋。

· 將魚片放入鍋中煎封表面,翻面一次,每面約煎 2 分鐘。

· 將白酒倒入平底鍋中,小滾煮到液體幾乎收乾,約需 5 分鐘。

· 將奧勒岡加入鍋中。依喜好以鹽和胡椒調味。燉煮到鮟鱇魚變不透明但仍然溼潤,約需 10 分鐘。完成後趁熱上桌。

蛤蜊寬扁麵

LINGUINE ALLE VONGOLE

6 人份第一道主食   坎帕尼亞 Campania

3 大匙特級冷壓初榨橄欖油，另準備盛盤澆淋的用量

4 瓣大蒜，切薄片

900 公克蛤蜊，例如鳥蛤，完全清理乾淨（參考「重點筆記」）

¼ 杯白酒

4 枝扁葉巴西里的葉片

粗海鹽，加入煮麵水用

454 公克乾燥寬扁麵

現磨黑胡椒，用量依喜好

這道經典的第一道主食，需要用到品質最優的蛤蜊，而且愈小顆愈好。蛤蜊需要的烹煮時間很短，千萬不要超過所需時間，一打開就取出，直到取完所有蛤蜊。坎帕尼亞地區的三款著名白酒——白葛雷科（Greco bianco）、菲亞諾（Fiano）與法連吉娜（Falanghina），都適合用作這道料理的佐餐酒。

・將橄欖油放入大平底鍋內，以中火加熱。放入大蒜，烹煮至開始上色，期間頻繁翻拌。加入蛤蜊，然後倒入白酒。蓋上鍋蓋，轉大火。將蛤蜊煮到打開，立刻以餐夾取出放入碗中。所有蛤蜊應該都會在約 5 分鐘內打開。把未打開的蛤蜊丟掉。

・同時，將一大鍋清水煮沸。

・將巴西里切碎，放入一半量至烹煮蛤蜊的鍋子。將一部分或全部的蛤蜊肉取出，並將取出時流出的湯汁一起放回鍋中。若擔心湯汁裡仍有殘留的沙，可以用紗布或咖啡濾紙過濾，或是小心地從表面舀出，有沙子沉澱的部分則捨棄不用。

・待大鍋內清水沸騰，加鹽（參考第 20 頁），下麵。烹煮期間用長柄叉頻繁攪拌，將寬扁麵煮到彈牙（煮麵技巧可參考第 74 頁）。將煮好的麵放入濾鍋內瀝乾。

・將寬扁麵放入平底鍋內，與蛤蜊一起在中大火上大力拋翻 1~2 分鐘。撒上剩餘的巴西里，以胡椒調味，淋上少許橄欖油，趁熱上桌。

重點筆記：要清理蛤蜊，可將蛤蜊放在一大碗清水內，並加入少許鹽。讓蛤蜊浸泡約 30 分鐘。蛤蜊應該會把殼裡的沙吐出來。若有蛤蜊打開，可以輕輕敲打，此時蛤蜊應該會立刻緊閉。如果沒有這樣的反應，則將蛤蜊丟掉。用手將吐好沙的蛤蜊從水裡取出（不要把蛤蜊和水倒入濾鍋內，會把沙子倒回蛤蜊上），靜置一旁備用。將大碗洗淨，注入乾淨的清水，然後再把蛤蜊放進去浸泡約 10 分鐘。這樣的步驟重複三次，或是一直做到水完全乾淨為止。在清水下把蛤蜊互相搓洗，徹底洗淨附著在外殼上的沙粒。

蜜思嘉葡萄酒沙巴翁

ZABAIONE AL MOSCATO

6 人份 皮埃蒙特 Piemonte

¾ 杯蜜思嘉葡萄酒

4 個大雞蛋

4 個蛋黃

⅓ 杯糖

裝飾用的薄荷葉

　　沙巴翁（zabaione）有時也拼成「zabaglione」，是經典的義式卡士達，傳統上用氣泡甜酒製作，不過有時候也會使用來自西西里的葡萄加烈酒瑪薩拉。沙巴翁可以溫熱上桌，亦可冷食。製作時務必以充分的時間讓沙巴翁稠化並增加體積，這需要一些勞力來達成。

‧將蜜思嘉葡萄酒放入單柄鍋內，以中火加熱至用手指測試會覺得燙的程度，便可放在一旁靜置備用。

‧取另一只單柄鍋，在鍋內注入約 10 公分的清水（碗放進去，碗和水面的距離應該在 2.5 公分左右）。將清水加熱到微滾。

‧取一只圓底不鏽鋼碗，將全蛋、蛋黃與糖放進去以打蛋器攪打到起泡且顏色變淺，然後加入溫熱的蜜思嘉葡萄酒。

‧將碗放在微滾熱水浴中，持續大力攪打到混合物體積明顯增加，約需 8 分鐘（不時檢查，確保下方熱水未沸騰）。打好的沙巴翁，把打蛋器拿起來的時候，應該會看到表面留下的痕跡。

‧讓碗離開水浴，若要溫熱享用則繼續攪打 30 秒，若要待放涼才上桌，則繼續攪打至涼。

‧將沙巴翁分到六只香檳杯或其他容器裡，飾以薄荷葉後上桌。

義大利的甜點酒與氣泡酒

酒款	地區	特色
蜜思嘉葡萄酒與阿斯提氣泡酒 （Moscato d'Asti & Asti spumante）	皮埃蒙特	有時也音譯作「莫斯卡托」。味甜的甜點氣泡酒，帶有果香語花香；最好趁酒齡尚輕時飲用。
瓦波里切拉的瑞巧托甜酒 （Recioto della Valpolicella）	維內托	風味濃郁的甜點紅酒，帶有黑櫻桃、李子、香料與皮革的味道。
聖酒（Vin Santo）	托斯卡尼	緩慢發酵的深琥珀色甜酒，帶有堅果風味，以風乾的特比亞諾葡萄和瑪瓦西亞（malvasia）葡萄釀造；適合用來蘸托斯卡尼杏仁餅乾（第 255 頁）享用。
利帕里島的瑪瓦西亞甜酒 （Malvasia delle Lipari）	西西里島	口感輕盈的甜點酒，產於埃奧利群島（Isole Eolie）。
潘特勒里亞島的帕西托甜酒 （Passito di Pantelleria）	西西里島	味道強烈的甜點酒，以潘特勒里亞島產的蜜思嘉葡萄製作——該島為義大利的最南點。
科內利亞諾、瓦爾多比亞德內與科內利亞諾－瓦爾多比亞德內的波賽柯氣泡酒 （Prosecco di Conegliano-Valdobbiadene）	維內托	香檳的親戚，氣泡較香檳少。
藍布斯柯氣泡甜酒（Lambrusco）	艾米利亞－羅馬涅	稍帶氣泡的甜紅酒，應趁酒齡輕時飲用，通常搭配同地區產的義式生火腿與薩拉米。
布拉凱托達奎氣泡酒 （Brachetto d'Acqui）	皮埃蒙特	氣泡紅酒，帶有酸甜平衡的果香。

FONTANAFREDDA 冷泉酒莊

冷泉酒莊於 1858 年創設於朗格一帶的丘陵地，該地區為皮埃蒙特地區葡萄酒生產的重心。用於設置酒莊的土地，沒多久被登記為當時薩丁尼亞王國國王，亦即後來的義大利國王 Vittorio Emanuele II 的私人莊園。

當時的國王與麾下軍官之女 Rosa Vercellana 墜入情網，並把整塊土地送給了這名平民婦女。一年之後，Rosa 被封為密拉菲奧里（Mirafiori）暨冷泉伯爵夫人。

二十年以後，密拉菲奧里伯爵 Emanuele Guerrieri，也就是 Vercellana 國王之子，將整片土地化作葡萄園，並且開始釀酒。他在釀酒技術與商業概念上領先眾人，成就非凡。

他之所以成功，一部分也是因為這片土地非常適合種植釀酒用葡萄。冷泉酒莊的葡萄園位於塞拉侖加達爾巴（Serralunga d'Alba）、迪亞諾達爾巴（Diano d'Alba）、巴羅鏤（Barolo）與穆里森戈（Murisengo）等市政區內輪廓最為均勻的圓形山丘上，海拔在 200~400 公尺之間。占地兩百英畝的葡萄園大多種植傳統葡萄品種如內比歐露（Nebbiolo）、巴貝拉（Barbera）、多切托（Dolcetto）、與蜜思嘉（Moscato）葡萄。此地區的土壤富含鈣質（石灰石成分高），因此種出來的葡萄糖度低酸度高，然而不同區域仍有各別差異。

時至今日，冷泉酒莊仍然繼續生產葡萄酒與氣泡酒，包括具有 DOCG 認證的巴羅鏤與巴巴瑞斯柯（Barbaresco）、具有 DOC 認證的巴貝拉（Barbera）與多切托（Dolcetto）、具有 DOCG 認證的布拉凱托達奎（Brachetto d'Acqui）氣泡酒、以及格拉帕（渣釀白蘭地）與巴羅鏤奇納多（Barolo Chinato），一種被當成餐後消化酒的香料紅酒。

285

開胃酒與消化酒

APERTIVI E DIGESTIVI

在義大利，飲料分類有著極其嚴格的規範，不只是白酒搭白肉、紅酒搭紅肉那麼單純。義大利的許多雞尾酒和香甜酒，在用餐體驗中都有特定的屬性與位置，它們可以是有助引起食慾並讓人胃口大開的開胃酒，或是在餐後端上、據說能幫助消化的消化酒。許多消化酒都是味苦的酏劑（elixir），在義大利文裡稱為「amari」，一開始其實是當成藥物來販賣。

義大利的開胃酒與消化酒

美式開胃酒 （Americano）	等量紅苦艾酒（red vermouth）、金巴利香甜酒（Campari）與蘇打水，並飾以一片香橙。	開胃酒
艾普羅雞尾酒 （Aperol Spritz）	艾普羅香甜酒、波賽柯氣泡酒與氣泡水，加上一片香橙。	開胃酒
貝里尼（Bellini）	波賽柯氣泡酒與水蜜桃汁。	開胃酒
金巴利（Campari）	亮紅色的苦味酒，最早於 1867 年出現在米蘭的一間酒吧，以祕密配方製作而成；可以單飲，也或用來製作數款經典雞尾酒。	開胃酒
加里波底雞尾酒 （Garibaldi）	橙汁與苦味酒，例如金巴利，倒在冰塊上，並以一片香橙為裝飾。	開胃酒
內格羅尼雞尾酒 （Negroni）	等量紅苦艾酒、金巴利與琴酒，以一片檸檬皮為裝飾。	開胃酒
阿維娜（Averna）	用香料植物釀造的苦味酒，最早於十九世紀由僧侶釀造而成。	消化酒
西娜爾（Cynar）	外觀混濁的深棕色苦味酒，以許多種植物製作，朝鮮薊是其中最特別的材料。	消化酒
菲奈特布蘭卡 （Fernet-Branca）	以香料植物釀造的半苦味酒，歷史可回溯到 1845 年。雖然配方為祕密，我們還是可以嚐出裡面用了大茴香子、羅勒、甘草、洋甘菊等材料。	消化酒
格拉帕（Grappa）	透明的高酒精濃度白蘭地，以葡萄皮、籽和莖釀成。	消化酒
檸檬香甜酒 （Limoncello）	亮黃色的檸檬香甜酒，產於坎帕尼亞地區。	消化酒
核桃酒（Nocino）	源自莫德納的利口酒，以綠核桃、肉桂和丁香為材料。	消化酒
拉瑪卓蒂香甜酒 （Ramazzotti）	苦味酒，以龍膽、苦橙、大黃、肉桂與香橙釀造。	消化酒
女巫利口酒 （Strega）	味甜色黃的茴香利口酒。	消化酒

如何飲用消化酒

消化酒通常在餐後享用，不會與咖啡、甜點或其他東西混在一起。事實上，消化酒的作用就好比「咖啡殺手」（ammazzacaffè），在喝完咖啡以後，有讓口氣清新的效果。

1. 結束正餐。

2. 把甜點吃完。

3. 喝下濃縮咖啡。

4. 單獨啜飲消化酒。

咖啡

CAFFÈ

對義大利人來說，「咖啡」指的就是濃縮咖啡。咖啡、義式麵食與披薩，都是義大利聞名全球的食品，而且它確實也值得這樣的地位。好的濃縮咖啡可謂美事一樁，它的份量不多也不少，有濃稠的口感，表面浮有一層咖啡脂，撒上砂糖的時候，砂糖會在咖啡脂上停留一會兒，然後才沉下去。Eataly 商場裡的羅布斯塔（Robusta）與阿拉比卡（Arabica）咖啡豆都是以最高生產標準向優質生產者採購，咖啡美妙強烈的香氣與風味，都是咖啡豆的緣故。

義大利的咖啡飲品

義大利人有點極端，並沒有在創作出世界上最棒的咖啡以後就停手，還利用這種味道豐郁滑順的義式咖啡為基礎，構想出各式各樣花俏的飲品。

濃縮咖啡（espresso）	咖啡中的咖啡，可於任何時間飲用。
瑪奇朵（espresso macchiato）	濃縮咖啡沾上少許熱奶泡。
卡布奇諾（cappuccino）	濃縮咖啡加上用蒸氣打製的奶泡；滿是奶泡的卡布奇諾能帶來飽足感，是早餐的經典飲品，不適合在餐後飲用。
拿鐵（latte macchiato）	用蒸氣打製過的牛奶沾上少許濃縮咖啡，它就像卡布奇諾，是早餐飲品，不適合在飯後飲用。
康寶藍（espresso con panna）	濃縮咖啡搭上打發鮮奶油。
杜林摩卡（espresso Torinese）	濃縮咖啡、奶泡與熱巧克力，並撒上一些可可粉。
比切林（Bicerin）	濃縮咖啡、熱巧克力與鮮奶油。
皮埃蒙特咖啡（Piemonte）	雙份濃縮咖啡加上可可粉、打發鮮奶油與黑巧克力碎片。
濃縮咖啡凍飲（Cremespresso）	濃縮咖啡加入牛奶與鮮奶油混合後冷凍。
熔岩白雪熱巧克力（neve sulla lava）	熱巧克力加上一層濃縮咖啡凍飲，再放上打發鮮奶油與巧克力碎片。
義式泡沫冰咖啡（espresso shakerato）	濃縮咖啡和冰塊放入雞尾酒調酒器內搖到變冷。

杜林摩卡

濃縮咖啡

義式泡沫冰咖啡

拿鐵

卡布奇諾

義大利人的早餐

1. 站在吧臺旁讀報。義大利的《米蘭體育報》（*La Gazzetta dello Sport*）是每日發行量最高的報紙，務必閱讀足球排名的部分。

2. 點杯咖啡。義大利人通常會在同一間咖啡館吃早餐，一吃就是很多年。所以店員都會知道誰會點什麼。請注意，早餐是一天之中唯一適合飲用卡布奇諾或拿鐵的時段，應該好好利用。

3. 選一樣糕點。小心別讓衣服沾到糖粉。

花生焦糖提拉米蘇

TIRAMISÙ ALLE ARACHIDI E CARAMELLO

12 人份   維內托 Veneto

10 個蛋黃

2½ 杯糖

2 杯鮮奶油

1 盒（約 500 公克）馬斯卡彭乳酪

¾~1 杯（6~8 杯小咖啡杯）咖啡，
以摩卡壺烹煮（參考第 292 頁）

1 塊義式海綿蛋糕（第 267 頁）

1 小匙細海鹽

¾ 杯鹹花生米，略切

　　提拉米蘇音譯自義大利文「tiramisù」，直譯是「帶我走」的意思，這款甜點帶有濃縮咖啡的香味，確實非常誘人。提拉米蘇的發源地據傳可能是威內多地區的特雷維索（Treviso），不過目前這道甜點已經遍及全義大利，而且似乎每個家庭都有自己的版本。以下介紹的是 Eataly 紐約分店的作法，甜點廚師 Katia Delogu 將鹹花生米用在這道經典的義大利甜點上，有點美式作風。可以用大型模具製作提拉米蘇，再端到餐桌上盛盤，也可在組合材料時直接使用單人份的玻璃器皿或水杯。這款甜點可以提早製作，因此適合用在多人聚餐時。

・將蛋黃放入大耐熱碗內，以手持打蛋器打到蛋黃稍微變稠。

・取一只單柄鍋，放入 1½ 杯砂糖與半杯清水。將一支煮糖溫度計夾在鍋邊，將鍋子放在中火上加熱至糖溶解且糖漿溫度達到 120°C，期間偶爾攪拌。持續攪打蛋黃，將糖漿以細流方式慢慢倒入蛋黃裡，並持續攪打至涼。將鮮奶油打到硬性發泡，置於一旁備用。

・將馬斯卡彭乳酪打到滑順，然後拌入蛋黃糊裡，再以刮刀輕輕拌入打發鮮奶油。

・依喜好在濃縮咖啡裡加糖。

・將海綿蛋糕切成細長條，並在蛋糕的每一面刷上咖啡。

・將 1 杯清水加熱至沸騰，然後靜置一旁備用。將一只小單柄鍋加熱至高溫，以製作焦糖。將剩餘的 1 杯砂糖分次慢慢加入鍋中，待鍋內砂糖融化再繼續加入。待所有砂糖都融化後，加入鹽。待糖變成深棕色，加入熱水，加水時小心大量蒸氣往上衝，應把臉轉開。

・取一只長 36 公分寬 23 公分的烤盤或平底大碗，在底部鋪上一層海綿蛋糕。將一半的馬斯卡彭乳酪糊鋪上去，並用刮刀抹平。撒上一半的碎花生米，然後把一半的焦糖淋上去。將剩餘的馬斯卡彭乳酪糊鋪上去，然後依序放上剩餘的花生米與焦糖。上桌前至少放入冰箱冷藏 2 小時。

阿芙佳朵

AFFOGATO

1 人份

---

1 球香草或榛果義式冰淇淋

¼ 杯熱濃縮咖啡，以摩卡壺或濃縮咖啡機沖泡

可以在阿芙佳朵上面放上稍微帶點甜味的打發鮮奶油或表面包覆巧克力的咖啡豆，不過這道甜點其實已不需再錦上添花。若賓客眾多，可以按比例增加這則食譜的份量。義大利人喜歡提早將冰淇淋舀入漂亮的玻璃碗內，放入冷凍庫裡。上桌前，把玻璃碗排好，淋上熱騰騰的濃縮咖啡。

· 將義式冰淇淋舀入餐碗、玻璃杯或咖啡杯裡。

· 淋上熱騰騰的濃縮咖啡，立刻端上桌。

義大利的摩卡壺

義大利有兩種咖啡：咖啡廳裡的吧臺咖啡和在家裡煮的咖啡。吧臺咖啡以昂貴的大型咖啡機沖泡，吧臺人員每小時會沖泡數十杯咖啡，機器也會因此隨著時間「養」得愈來愈好。義大利人在家裡煮的咖啡是稍微不同版本的濃縮咖啡，使用的是底部呈八角形的直火咖啡壺，義大利文是「caffettiera」，一般通稱為「摩卡壺」，名稱來自於這種壺在 1933 年問世時的品牌名。另外還有一種來自拿坡里的直火咖啡壺，義大利文稱為「napoletana」（拿坡里顛倒壺），使用時，一旦水加熱至沸騰，必須把咖啡壺倒過來才能沖泡。

摩卡壺有三個部分：底部、頂部與過濾器。煮咖啡時，先在底部注入冷水，水位不應超過底部的閥。將圓底的過濾器插入底部，然後填入咖啡粉。吧臺咖啡使用的咖啡粉研磨度較細，摩卡壺以中度研磨為最佳。如果喜歡濃一點的咖啡，可以用特製圓盤輕壓咖啡粉，如此以來就可以填入更多咖啡粉。將頂部旋緊，再把咖啡壺放在爐上以小火加熱。如果爐口太大，可以放上節能板。咖啡會慢慢從頂部的開口冒出來。待所有的水都冒出來以後，咖啡壺會開始發出噴濺的聲音。此時就可以讓咖啡壺離火，將咖啡倒入杯中。

換算表

液體換算

美制	公制
1 小匙	5 毫升
1 大匙	15 毫升
2 大匙	30 毫升
3 大匙	45 毫升
¼ 杯	60 毫升
⅓ 杯	75 毫升
⅓ 杯加 1 大匙	90 毫升
⅓ 杯加 2 大匙	100 毫升
半杯	120 毫升
⅔ 杯	150 毫升
¾ 杯	180 毫升
¾ 杯加 2 大匙	200 毫升
1 杯	240 豪升
1 杯加 2 大匙	275 毫升
1¼ 杯	300 毫升
1⅓ 杯	325 毫升
1½ 杯	350 毫升
1⅔ 杯	375 毫升
1¾ 杯	400 毫升
1¾ 杯加 2 大匙	450 毫升
2 杯（1 品脱）	475 毫升
2½ 杯	600 毫升
3 杯	720 毫升
4 杯（1 夸脱）	945 毫升（1000 毫升為 1 公升）

重量換算

美制／英制	公制
0.5 盎司	14 公克
1 盎司	28 公克
1.5 盎司	43 公克
2 盎司	57 公克
2.5 盎司	71 公克
3 盎司	85 公克
3.5 盎司	100 公克
4 盎司	113 公克
5 盎司	142 公克
6 盎司	170 公克
7 盎司	200 公克
8 盎司	227 公克
9 盎司	255 公克
10 盎司	284 公克
11 盎司	312 公克
12 盎司	341 公克
13 盎司	368 公克
14 盎司	400 公克
15 盎司	425 公克
1 磅	454 公克

烤箱溫度

華氏	攝氏	烤箱溫度檔
250	120	½
275	140	1
300	150	2
325	165	3
350	180	4
375	190	5
400	200	6
425	220	7
450	230	8
475	240	9
500	260	10
550	290	炙烤

索引

（按英、義文首字母排列）